农网实用技术丛书

低压电气设备运行维护实用技术

任学伟　朱巧芝　主　编

王竹芳　副主编

中国电力出版社

CHINA ELECTRIC POWER PRESS

内 容 提 要

　　本书结合目前低压电气设备的运行、操作及维护中存在的问题，较全面地介绍了目前工农业生产及生活中常用的各类低压电气设备的基础知识，阐述了低压电气设备的运行、维护、常见故障处理等方面的实用操作技术。

　　本书主要内容包括低压电气设备常用术语，熔断器、低压开关、主令电器、接触器、常用继电器、电能计量装置、接地与防雷、剩余电流动作保护装置实用技术等，为方便电工阅读和查阅有关技术资料，还配置了大量的图表。同时，本书紧紧围绕低压电气设备运行维护实用技术这一主线，采用一问一答的编写方式，问题尽量做到有针对性和实用性，解答深入浅出，便于读者尽快理解和掌握。

　　本书既可作为农电工、工矿企业电工培训教材、电工的自学读物，还可作为电工的实用技术工具书。

图书在版编目（CIP）数据

　　低压电气设备运行维护实用技术/任学伟，朱巧芝主编. —北京：中国电力出版社，2014.9（2018.5重印）
　　（农网实用技术丛书）
　　ISBN 978-7-5123-6072-3

　　Ⅰ.①低…　Ⅱ.①任…　②朱…　Ⅲ.①低压电器-电气设备-运行②低压电器-电气设备-维修　Ⅳ.①TM52

　　中国版本图书馆 CIP 数据核字（2014）第 136412 号

中国电力出版社出版、发行
（北京市东城区北京站西街 19 号　100005　http://www.cepp.sgcc.com.cn）
北京天宇星印刷厂印刷
各地新华书店经售

*

2014 年 9 月第一版　　2018 年 5 月北京第二次印刷
850 毫米×1168 毫米　32 开本　10.75 印张　273 千字
印数 3001—5000 册　　定价 25.00 元

前　言

随着农村经济的快速发展，农村电力发展迅速，用电需求越来越迫切，因此对农村电工的技术要求也越来越高。为了提高农村电工的操作技能和管理水平，适应农村电工岗位培养和自学成才的需求，组织编写了《配电线路实用技术》、《配电变压器实用技术》、《低压电气设备运行维护实用技术》、《照明装置实用技术》、《变、配电运行实用技术》、《电动机实用技术》系列科普丛书。

本丛书遵照紧密联系农村用电实际的原则，采用一事一议、一问一答的方式，并配有大量的图解和技术表格，内容以技术操作、管理要求和标准为主，以基本训练为重点，强调技能操作的通用性、规范化和标准化。本丛书内容丰富、解答透彻细致、语言通俗易懂，是一套实用性、针对性较强的农村电工技术培训读物，很适合广大农村电工在职自学和岗位培训，也可作为农电管理人员的参考书。

本书共分九章，以问答的形式，对低压电气设备的基本认识、选择、安装、运行维护、检修、常见故障及其处理等实际问题进行了较为全面细致地解答。以农村及工矿企业电工日常从事的低压电气设备选型、安装施工、运行维护、检修及故障处理等实用技术为着眼点提出问题、解决问题。在编写上，力求实用、语言简练、易学易懂、图文并茂，以便快速提高读者的实际操作水平和工作能力。

《低压电气设备运行维护实用技术》由任学伟、朱巧芝担任主编，王竹芳担任副主编。任学伟、朱巧芝、王竹芳在山东省寿光市职业教育中心学校从事低压电气设备运行理论研究和实习指导工作。参加编写的人还有杨静、李玉臻、于秀清、崔希华、王新、金建生、张金宝、崔春胜、甄宗山、张金标、张国友、李宁、宋在旺、盛素香、梁金娥、马超、张子庆、李惠生、姜思乾、聂义德、任冰洁、张爱生、祖丕华、赵成文、王国明、王海涛。

本书在编写过程中，得到了不少同行的帮助和支持，并参考了很多书籍和材料，在此向这些同行和作者表示感谢。

由于编者水平有限，书中难免有疏漏和不妥之处，恳请广大读者批评指正。

编 者

2014 年 6 月

目　录

第一章

低压电气设备常用术语

1. 什么是电器？电器是如何分类的？

电器就是一种能根据外界的信号或要求，手动或自动地接通和断开电路，实现对电路的切换、控制、保护、检测和调节的元件或设备。根据工作电压的高低，电器可分为高压电器和低压电器。

2. 什么是低压电器？

工作在交流额定电压 1200V 及以下、直流额定电压 1500V 及以下的电器称为低压电器。低压电器作为一种基本器件，广泛应用于输配电系统和电力拖动系统中，在实际生产中起着非常重要的作用。

3. 常用低压电器分别适用于什么场所？

常用低压电器的种类繁多，其适用场所见表 1-1。

表 1-1　　　　　　　　常用低压电器的适用场所

分类方法	类　别	说 明 及 用 途
按低压电器的用途和所控制的对象分类	低压配电电器	包括低压开关、低压熔断器等，主要用于低压配电系统及动力设备中
	低压控制电器	包括接触器、继电器、电磁铁等，主要用于电力拖动及自动控制系统中
按低压电器的动作方式分类	自动切换电器	依靠电器本身参数的变化或外来信号的作用，自动完成接通或分断等动作的电器，如接触器、继电器等
	非自动切换电器	主要依靠外力（如手控）直接操作来进行切换的电器，如按钮、低压开关等

分类方法	类 别	说 明 及 用 途
按低压电器的执行机构分类	有触点电器	具有可分离的动触点和静触点，主要利用触点的接触和分离来实现电路的接通和断开控制，如接触器、继电器等
	无触点电器	没有可分离的触点，主要利用半导体元器件的开关效应来实现电路的通断控制，如接近开关、固态继电器等

4. 低压电器有哪些常用术语？

（1）通断时间：从电流开始在开关电器的一个极流过的瞬间起，到所有极的电弧最终熄灭的瞬间为止的时间间隔。

（2）燃弧时间：电器分断过程中，从触头断开（或熔体熔断）出现电弧的瞬间开始，至电弧完全熄灭为止的时间间隔。

（3）分断能力：电器在规定的条件下，能在给定的电压下分断的预期分断电流值。

（4）接通能力：开关电器在规定的条件下，能在给定的电压下接通的预期接通电流值。

（5）通断能力：开关电器在规定的条件下，能在给定的电压下接通和分断的预期电流值。

（6）短路接通能力：在规定的条件下，包括开关电器的出线端短路在内的接通能力。

（7）短路分断能力：在规定的条件下，包括开关电器的出线端短路在内的分断能力。

（8）操作频率：开关电器在每小时内可能实现的最高循环操作次数。

（9）通电持续率：开关电器的有载时间和工作周期之比，常以百分数表示。

（10）电寿命：在规定的正常工作条件下，机械开关电器不需要修理或更换零件的情况下负载操作循环次数。

5. 低压电器产品标准一般包括哪些内容？

低压电器产品标准的内容一般包括产品的用途、适用范围、环境条件、技术性能要求、试验项目和方法、包装运输的要求等，它是厂家制造和用户验收的依据。

6. 低压电器产品的标准是如何分类的？

低压电器产品的标准按内容性质可分为基础标准、专业标准和产品标准。按批准的级别则分为国家标准（GB）、专业（部）标准（JB）和局批企业标准（JB/DQ）三级。

7. 低压电器的全型号表示法及代号含义是怎样的？

低压电器的全型号表示法及代号含义如图 1-1 所示。

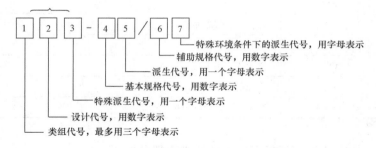

图 1-1　低压电器的全型号表示法及代号含义

8. 低压电器特殊环境条件下的派生代号有哪些？

低压电器型号的特殊环境条件下的派生代号见表 1-2。

表 1-2　　　　　　　　　特殊派生代号

派生字母	说　　明	备　　注
T	按湿热带临时措施制造	
TH	湿热带	此项派生代号加注在产品全型号后
TA	干热带	
G	高原	
H	船用	
Y	化工防腐用	

9. 低压电器型号的通用派生代号有哪些？

低压电器型号的通用派生代号见表1-3。

表 1-3   通用派生代号

派生字母	代 表 意 义
A_1、A_2，…，A_n	结构设计稍有改进或变化
J	交流、防溅式
Z	直流、自动复位、防振、重任务
W	无灭弧装置
N	可逆
S	有锁住机构、手动复位、防水式、三相、三个
P	电源、双线圈 电磁复位、防滴式、单相、两个电源、电压
K	开启式
H	保护式、带缓冲装置
M	密封式、灭磁
Q	防尘式、手牵式
L	电流的
F	高返回、带分励脱扣

10. 正确选用低压电器的原则有哪些？

（1）安全原则。使用安全可靠是对任何开关电器的基本要求，保证电路和用电设备的可靠运行，是使生产和生活得以正常进行的重要保障。

（2）经济原则。经济性考虑又可分为开关电器本身的经济价值和使用开关电器生产的价值。前者要求选择的合理、适用；后者则考虑在运行当中必须可靠，不会导致因故障造成停产或损坏设备、危及人身安全等构成的经济损失。

11. 使用低压电器时应注意哪些问题？

（1）控制对象（如电动机或其他用电设备）的分类和使用

环境。

（2）了解电器的正常工作条件，如环境空气温度、相对湿度、海拔、允许安装方位角度和抗冲击震动、有害气体、导电尘埃、雨雪侵袭等的能力。

（3）了解电器的主要技术性能（或技术条件），如用途、分类、额定电压、额定控制功率、接通能力、分断能力、允许操作频率、工作制和使用寿命等。

此外，正确的选用还要结合不同的控制对象和具体电器进行确定。

12. 低压电器的安装类别是怎样的？

低压电器的安装类别即耐压类别，是规定低压电器产品在电力系统中的安装位置的一种术语。低压电器共有 4 种安装类别，具体如下：

安装类别Ⅰ，又称信号水平级，指电器安装在系统线路末端的位置。适于安装类别Ⅰ的电器多为特殊设备或部件，如低压电子逻辑系统、小功率信号电路的电器等。

安装类别Ⅱ，又称负载水平级，指位于安装类别Ⅰ前面、安装类别Ⅲ后面的位置。适于安装类别Ⅱ的电器有控制和通断电动机的电器、螺线管电磁阀、耗能电器以及通过变压器供电的主令电器和控制电路电器等。

安装类别Ⅲ，又称配电及控制水平级，指位于安装类别Ⅱ前面、安装类别Ⅳ后面的位置。适于安装类别Ⅲ的电器有安装在配电箱中并与配电干线直接相连的电器等。

安装类别Ⅳ，又称电源水平级，指安装在类别Ⅲ前面的位置。安装在电源进线处的电器属于这种安装类别。

13. 低压电器的污染等级是如何分类的？

低压电器产品标准规定有 4 个污染等级，其具体含义为：

污染等级 1：指无污染或仅有干燥的非导电性污染的环境

条件。

污染等级 2：指一般情况仅有非导电性污染，但在偶然产生凝露时有可能造成短时的导电性污染的环境条件。

污染等级 3：指有导电性污染（包括因凝露而使干燥的非导电性污染变为长时间的导电性污染的情况）的环境条件。

污染等级 4：指有能持久存在的导电性污染（如导电尘埃或雨雪造成的污染）的环境条件。

第二章

熔 断 器 实 用 技 术

1. 低压熔断器有什么作用和特点？

低压熔断器的作用是在线路中做短路保护，通常简称为熔断器。熔断器的特点是结构简单、价格便宜、动作可靠、使用维护方便，因而得到了广泛应用。又由于它的可靠性高，因此无论在强电系统还是在弱电系统中都获得了广泛应用。

2. 如何使用低压熔断器？

使用时，熔断器应串联在被保护的电路中。正常情况下，熔断器的熔体相当于一段导线；当电路发生短路故障时，熔体能迅速熔断分断电路，从而起到保护线路和电气设备的作用。

3. 熔断器是怎样分类的？

（1）熔断器按结构可分为半封闭插入式、无填料封闭管式、有填料封闭管式和自复式。封闭式熔断器又可分为有填料管式、无填料管式及有填料螺旋式等。

（2）熔断器按用途分类有：①一般工业用熔断器；②保护硅元件用快速熔断器；③具有两段保护特性、快慢动作的熔断器；④特殊用途熔断器。

4. 熔断器的结构是怎样的？

熔断器结构如图 2-1 所示。

熔体是熔断器的核心，常做成丝状、片状或栅状，制作熔体的材料一般有铅锡合金、锌、铜、银等，根据受保护电路的要求而定。熔管是熔体的保护外壳，用耐热绝缘材料制成，在熔体熔

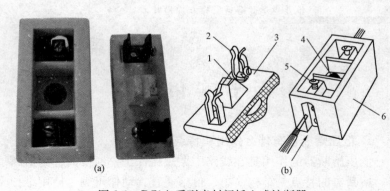

图 2-1　RC1A 系列半封闭插入式熔断器

(a) 外形；(b) 结构

1—熔丝；2—动触头；3—瓷盖；4—空腔；5—静触头；6—瓷座

断时兼有灭弧作用。熔座是熔断器的底座，用于固定熔管和外接引线。

5. 熔体是由哪些金属材料制成的？

制造熔体的金属材料通常有两类：

（1）低熔点材料，如铅锡合金、锌等。

（2）高熔点材料，如银、铜、铝等。

6. 熔体的熔断过程是怎样的？

熔断器熔体的熔断过程大致分为以下四个阶段：

（1）熔体通过过载电流或短路电流使熔体发热达到熔化温度。电流越大，温度上升越快，通过大的过载电流或短路电流时，熔体能很快上升到熔化温度。

（2）熔体的熔化和蒸发。熔体达到熔化温度后便熔化蒸发为金属蒸汽，这一过程与过电流热效应有关，电流越大，时间越短。

（3）间隙的击穿和电弧的产生。熔体熔化的瞬间使电路出现一个小的绝缘间隙，电流突然中断。但这个小的绝缘间隙立即被电路电压击穿，同时产生电弧，使电路又接通。

（4）电弧的熄灭。电弧发生后，如能量较小，随熔断间隙的扩大可以自行熄灭；如能量较大，就必须依靠熔断器的熄弧措施熄弧。熔断器的熄弧能力越大，电弧熄灭越快，同时熔断器所能分断的短路电流值也越大。为了减小熄弧时间和提高分断能力，大容量的熔断器都具备完善的熄弧措施。

7. 熔体有哪些主要特性？

熔断器熔体的熔断时间 t（即熔体熔断过程中第一、二阶段所需时间）与熔断电流 I 的平方成反比。

由于各种电气设备都有一定的过载能力，当过载较轻时可以允许较长时间运行，但超过某一过载倍数时，则要求熔断器在一定时间内熔断。选择熔断器保护过载和短路，必须先了解用电设备的过载特性，使这一特性恰当地处在熔断器安秒特性的保护范围之内。

8. 熔断器有哪些主要技术参数？其含义是怎样的？

（1）额定电压：指熔断器长期工作所能承受的电压。如果熔断器的实际工作电压大于其额定电压，熔体熔断时可能会发生电弧不能熄灭的危险。

（2）额定电流：指保证熔断器能长期正常工作的电流。它由熔断器各部分长期工作时允许的温升决定。熔体额定电流取决于熔体的最小熔断电流和熔化因数。根据需要可将熔体按额定电流划分为较细的等级，且不同等级的熔体可装入同一等级的熔断器。

（3）分断能力：在规定的使用和性能条件下，在规定电压下熔断器能分断的预期分断电流值，常用极限分断电流值来表示。它是熔断器的主要技术指标，与熔体额定电流大小无关。一般有填料封闭管式熔断器分断能力较高，可达数千安到数百千安，具有限流作用的熔断器分断能力更高。由于电路发生短路时，其短路电流增长要有一个过程，达到最大值（或称峰值）也需要一定的时间，如能采取某种措施使熔体的熔断时间小于这一时间，则熔断器即可在短路电流未达到峰值之前分断电路，这种作用称为"限流作用"。

（4）时间—电流特性：也称为安秒特性或保护特性，是指在规定的条件下，表征流过熔体的电流与熔体熔断时间的关系曲线，如图 2-2 所示。从特性上可以看出，熔断器的熔断时间随电流的增大而缩短，是反时限特性。

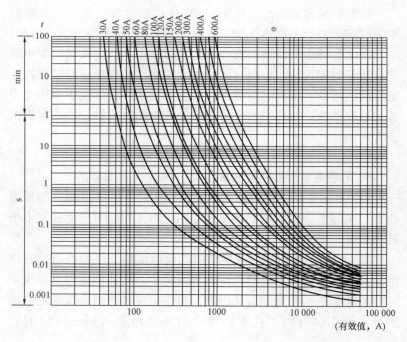

图 2-2　时间—电流特性曲线

另外，在时间—电流特性曲线中有熔断电流与不熔断电流的分界线，与此相对应的电流称为最小熔化电流或临界电流，用 I_{Rmin} 表示。通常把在 1～2h 内熔断器能熔断的最小电流值作为最小熔断电流。

（5）过电压。由于电路中常有电感存在，当分断电路时电流以较大的变化率从某一数值下降到零，电感产生自感电势，其值可超过电路电压的几倍，这个自感电势即为过电压。过电压可能引起电路及其设备的损坏，也会影响熄弧过程。过电压大小和电路参数、熔断器的结构有关，例如具有限流作用的熔断器过电压要高些，选用时也应注意。

9. 熔断器的熔断电流与熔断时间的关系是怎样的？熔断器在电路图中的符号是什么？

根据对熔断器的要求，熔体在额定电流下绝对不应熔断，所以最小熔化电流 I_{Rmin} 必须大于额定电流 I_N。一般熔断器的熔断电流 I_s 与熔断时间 t 的关系见表 2-1。

表 2-1　　　熔断器的熔断电流 I_s 与熔断时间 t 的关系

熔断电流 I_s（A）	$1.25I_N$	$1.6I_N$	$2.0I_N$	$2.5I_N$	$3.0I_N$	$4.0I_N$	$8.0I_N$	$10.0I_N$
熔断时间 t（s）	∞	3600	40	8	4.5	2.5	1	0.4

熔断器在电路图中的符号如图 2-3 所示。

图 2-3　熔断器在电路图中的符号

10. 常用低压熔断器的型号及含义是怎样的？

常用低压熔断器的型号及含义如图 2-4 所示。

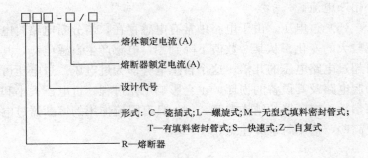

图 2-4 熔断器的型号及含义

11. 在电动机控制线路中，为什么熔断器只能作为短路保护电器使用，而不能作为过载保护电器使用？

熔断器对过载的反应是很不灵敏的，当电气设备发生轻度过载时，熔断器将持续很长时间才能熔断，有时甚至不熔断。因此，除照明和电加热电路外，熔断器一般不宜用作过载保护电器，主要用作短路保护电器。

12. 常用熔断器有哪些？各有什么特点？分别应用在哪些场所？

（1）RC1A 系列插入式熔断器（瓷插式熔断器）。

1）型号及含义。RC1A 系列插入式熔断器的型号及含义如图 2-5 所示。

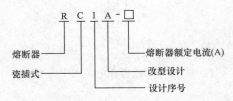

图 2-5 RC1A 系列插入式熔断器的型号及含义

2）结构。RC1A 系列插入式熔断器是在 RC1 系列的基础上改进设计的，可取代RC1系列老产品，属半封闭插入式，它由瓷座、瓷盖、动触头、静触头及熔丝五部分组成，其结构如图2-1所示。

3）用途。RC1A系列插入式熔断器结构简单、更换方便、价格低廉，一般用在交流50Hz、额定电压380V及以下、额定电流200A及以下的低压线路末端或分支电路中，作为电气设备的短路保护及一定程度的过载保护元件。

（2）RL1系列螺旋式熔断器。

1）型号及含义。RL1系列螺旋式熔断器的型号及含义如图2-6所示。

图2-6　RL1系列螺旋式熔断器的型号及含义

2）结构。RL1系列螺旋式熔断器属于有填料封闭管式，其外形和结构如图2-7所示。它主要由瓷座、下接线座、瓷套、熔断管、瓷帽及上接线座等部分组成。

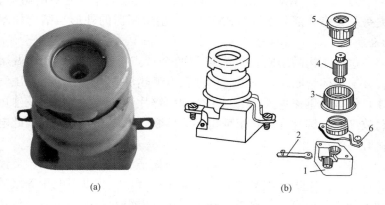

(a)　　　　　　　　　(b)

图2-7　RL1系列螺旋式熔断器
(a) 外形；(b) 结构
1—瓷座；2—下接线座；3—瓷套；4—熔断管；5—瓷帽；6—上接线座

该系列熔断器的熔断管内，在熔丝的周围填充着石英砂以增强灭弧性能。熔丝焊在瓷管两端的金属盖上，其中一端有一个标有不同颜色的熔断指示器，当熔丝熔断时，熔断指示器自动脱落，此时只需更换同规格的熔断管即可。

3）用途。RL1系列螺旋式熔断器的分断能力较高、结构紧凑、体积小、安装面积小、更换熔体方便、工作安全可靠，并且熔丝熔断后有明显指示，因此广泛应用于控制箱、配电屏、机床设备及振动较大的场所，在交流额定电压500V、额定电流200A及以下的电路中，作为短路保护器件。

（3）RM10系列无填料封闭管式熔断器。

1）型号及含义。RM10系列无填料封闭管式熔断器的型号及含义如图2-8所示。

图2-8　RM10系列无填料封闭管式熔断器的型号及含义

2）结构。RM10系列无填料封闭管式熔断器主要由熔体、夹头及夹座等部分组成。RM10-100型熔断器的外形与结构如图2-9所示。

这种结构的熔断器具有以下两个特点：①采用钢纸管做熔管，当熔体熔断时，钢纸管内壁在电弧热量的作用下产生高压气体，使电弧迅速熄灭；②采用变截面锌片做熔体，当电路发生短路故障时，锌片几处狭窄部位同时熔断，形成较大空隙，因此电弧容易熄灭。

3）用途。RM10系列无填料封闭管式熔断器适用于交流50Hz、额定电压380V或直流额定电压440V及以下电压等级的动力网络和成套配电设备，作为导线、电缆及较大容量电气设备的短路和连续过载保护电器。

（4）RT0系列有填料封闭管式熔断器。

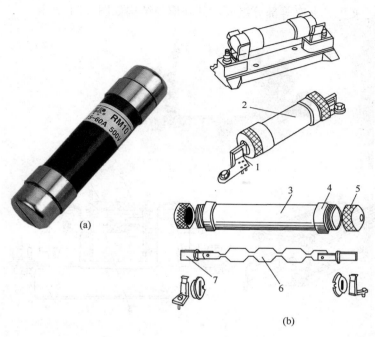

图 2-9 RM10-100 型熔断器

（a）外形；（b）结构

1—夹座；2—熔体；3—钢纸管；4—黄铜套管；

5—黄铜帽；6—熔体；7—刀形夹头

1）型号及含义。RT0 系列有填料封闭管式熔断器的型号及含义如图 2-10 所示。

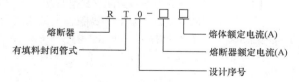

图 2-10 RT0 系列有填料封闭管式熔断器的型号及含义

2）结构。RT0系列有填料封闭管式熔断器主要由熔管、底座、夹头、夹座等部分组成，其外形与结构如图2-11所示。

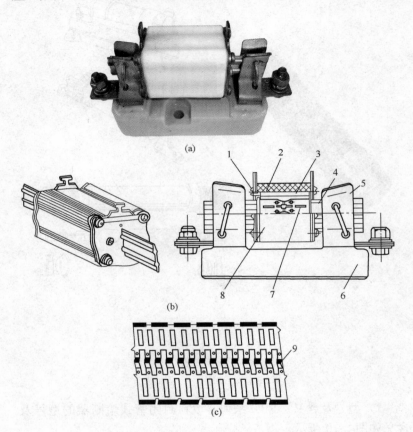

（a）

（b）

（c）

图2-11　RT0系列有填料封闭管式熔断器

（a）外形；（b）结构；（c）锡桥

1—熔断指示器；2—石英砂填料；3—指示器熔丝；4—夹头；

5—夹座；6—底座；7—熔体；8—熔管；9—锡桥

RT0系列有填料封闭管式熔断器的熔管由高频电工瓷制成。熔体是两片网状紫铜片，中间用锡桥连接。熔体周围填满石英砂，在熔体熔断时起灭弧作用。该系列熔断器配有熔断指示装置，熔体熔断后，显示出醒目的红色熔断信号。当熔体熔断后，可使用配备的专用绝缘手柄在带电的情况下更换熔管，装取方便，安全可靠。

3）用途。RT0系列有填料封闭管式熔短器是一种大分断能力的熔断器，广泛用于短路电流较大的电力输配电系统中，作为电缆、导线和电气设备的短路保护电器及导线、电缆的过载保护电器。

（5）快速熔断器。快速熔断器又叫半导体器件保护用熔断器，主要用于半导体功率元件的过电流保护。由于半导体元件承受过电流的能力很差，只允许在较短的时间内承受一定的过载电流（如额定电流为70A的晶闸管能承受6倍额定电流的时间仅为10ms），因此要求短路保护元件应具有快速动作的特征。快速熔断器能满足这一要求，且结构简单、使用方便、动作灵敏可靠，因而得到了广泛应用。

目前常用的快速熔断器有RS0、RS3、RLS2等系列，RLS2系列的结构与RL1系列相似，适用于小容量硅元件及其成套装置的短路和过载保护；RS0和RS3系列适用于半导体整流元件和晶闸管的短路和过载保护，它们的结构相同，但RS3系列的动作更快，分断能力更高。

（6）自复式熔断器。常用熔断器的熔体一旦熔断，必须更换新的熔体，这就给使用带来一些不便，而且延缓了供电时间。近年来，可重复使用一定次数的自复式熔断器开始在电力网络的输配电线路中得到应用。

自复式熔断器的基本工作原理是：自复式熔断器的熔体是应用非线性电阻元件（如金属钠等）制成，在特大短路电流产生的高温下，熔体气化，阻值剧增，即瞬间呈现高阻状态，从而能将故障电流限制在较小的数值范围内。

自复式熔断器熔而不断，不能真正分断电路，但由于它具有限流作用显著、动作时间短、动作后不需要更换熔体等优点，在生产中的应用范围不断扩大，常与断路器配合使用，以提高组合分断性能。目前自复式熔断器的工业产品有 RZ1 系列熔断器，它适用于交流 380V 的电路中与断路器配合使用。熔断器的额定电流有 100、200、400、600A 四个等级，在功率因数 $\cos\varphi \leqslant 0.3$ 时的分断能力为 100kA。

13. 常用低压熔断器的主要技术参数有哪些？

常用低压熔断器的主要技术参数见表 2-2。

表 2-2　　　　　常用低压熔断器的主要技术参数

类别	型号	额定电压（V）	额定电流（A）	熔体额定电流等级（A）	极限分断能力（kA）	功率因数
瓷插式熔断器	RC1A	380	5	2、5	0.25	0.8
			10	2、4、6、10	0.5	
			15	6、10、15		
			30	20、25、30	1.5	0.7
			60	40、50、60		
			100	80、100	3	0.6
			200	120、150、200		
螺旋式熔断器	RL1	500	15	2、4、6、10、15	2	≥0.3
			60	20、25、30、35、40、50、60	3.5	
			100	60、80、100	20	
			200	100、125、150、200	50	
	RL2	500	25	2、4、6、10、15、20、25	1	
			60	25、35、50、60	2	
			100	80、100	3.5	

类别	型号	额定电压（V）	额定电流（A）	熔体额定电流等级（A）	极限分断能力（kA）	功率因数
无填料封闭管式熔断器	RM10	380	15	6、10、15	1.2	0.8
			60	15、20、25、35、45、60	3.5	0.7
			100	60、80、100	10	0.35
			200	100、125、160、200		
			350	200、225、260、300、350		
			600	350、430、500、600	12	0.35
有填料封闭管式熔断器	RT0	交流380 直流440	100	30、40、50、60、100	交流50 直流25	＞0.3
			200	120、150、200、250		
			400	300、350、400、450		
			600	500、550、600		
有填料封闭管式圆筒帽形熔断器	RT18	380	32	2、4、6、8、10、12、16、20、25、32	100	0.1～0.2
			63	2、4、6、8、10、16、20、25、32、40、50、63		
快速熔断器	RLS2	500	30	16、20、25、30	50	0.1～0.2
			63	35、(45)、50、63		
			100	(75)、80、(90)、100		

14. 对熔断器有什么技术要求？

在电气设备正常运行或电流发生正常变动（如电动机启动过程）时，熔断器应不熔断；在用电设备持续过载时，熔断器应延时熔断；在出现短路故障时，熔断器应立即熔断。

15. 如何选用熔断器?

对熔断器的选用主要包括熔断器类型、熔断器额定电压和额定电流、熔体额定电流的选用。

(1) 熔断器类型的选用:根据使用环境、负载性质和短路电流的大小选用适当类型的熔断器。例如,对于容量较小的照明电路,可选用 RT 系列圆筒帽形熔断器或 RC1A 系列瓷插式熔断器;对于短路电流相当大的电路或有易燃气体的环境,应选用 RT0 系列有填料封闭管式熔断器;在机床控制线路中,多选用 RL 系列螺旋式熔断器;用于半导体功率元件及晶闸管的保护时,应选用 RS 或 RLS 系列快速熔断器。

(2) 熔断器额定电压和额定电流的选用:熔断器的额定电压必须大于或等于线路的额定电压,熔断器的额定电流必须大于或等于所装熔体的额定电流,熔断器的分断能力应大于电路中可能出现的最大短路电流。

(3) 熔体额定电流的选用:

1) 对照明和电热等电流较平稳、无冲击电流的负载的短路保护,熔体的额定电流应等于或稍大于负载的额定电流。

2) 对一台不经常启动且启动时间不长的电动机的短路保护,熔体的额定电流 I_{RN} 应大于或等于 $1.5\sim2.5$ 倍的电动机额定电流 I_N,即

$$I_{RN} \geqslant (1.5\sim2.5)I_N$$

3) 对多台电动机的短路保护,熔体的额定电流应大于或等于其中最大容量电动机的额定电流 I_{max} 的 $1.5\sim2.5$ 倍再加上其余电动机额定电流的总和 $\sum I_N$,即

$$I_{RN} \geqslant (1.5\sim2.5)I_{max} + \sum I_N$$

(4) 熔断器的上、下级匹配。为满足选择性保护,熔断器应根据其保护特性曲线上的数据及其实际误差来选择,若熔断时间的匹配裕度以 10% 来考虑,即 $-5\%\sim5\%$,则必须满足下列条件

$$t_1 = \frac{1.05 + \delta\,(\%)}{0.95 - \delta\,(\%)} \times t_2$$

式中　$\delta(\%)$——熔断器熔断时间误差，一般可按 50% 考虑；

　　　t_1——对应于故障电流值，从特性曲线上查得的上一级熔体的熔断时间，s；

　　　t_2——对应于故障电流值，从特性曲线上查得的下一级熔体的熔断时间，s。

一般 $t_1 \geqslant 3t_2$。

此外，选择熔体还应考虑所保护的对象，保护变压器、电炉、照明灯的熔体的额定电流应大于或等于实际负载电流；保护输电线路的熔体的额定电流应小于或等于线路的安全电流。

16. 如何安装使用熔断器?

（1）用于安装使用的熔断器应完整无损，并标有额定电压、额定电流值。

（2）熔断器安装时应保证熔体与夹头、夹头与夹座接触良好。瓷插式熔断器应垂直安装。螺旋式熔断器接线时，电源线应接在下接线座上，负载线应接在上接线座上，以保证能安全地更换熔管。

（3）熔断器内要安装合格的熔体，不能用多根小规格的熔体并联代替一根大规格的熔体。在多级保护的场所，各级熔体应相互配合，上级熔断器的额定电流等级以大于下级熔断器的额定电流等级两级为宜。

（4）更换熔体或熔管时，必须切断电源，尤其不允许带负载操作，以免发生电弧灼伤。管式熔断器的熔体应用专用的绝缘插拔器进行更换。

（5）对 RM10 系列熔断器，在切断过三次相当于分断能力的电流后，必须更换熔断管，以保证能可靠地切断所规定分断能力的电流。

（6）熔体熔断后，应分析原因排除故障后，再更换新的熔体。在更换新的熔体时，不能轻易改变熔体的规格，更不能使用铜丝或铁丝代替熔体。

（7）熔断器兼做隔离器件使用时，应安装在控制开关的电源进线端；若仅做短路保护用，应装在控制开关的出线端。

17. 在安装和维护熔断器时应符合哪些要求？

（1）安装熔体时必须保证接触良好，并应经常检查，如果接触不良使接触部位的过高热量传至熔体，熔体温升过高就会造成误动作，有时因接触不良产生火花会干扰弱电装置。

（2）熔断器及熔体均必须安装可靠，否则相当于一相断路，使电动机单相运行而烧毁。

（3）拆换熔断器时，要检查熔体的规格和形状是否与更换的熔体一致。

（4）安装熔体时，不能有机械损伤，否则相当于截面积变小、电阻增加，保护特性变坏。

（5）检查熔体发现氧化腐蚀或损伤时，应及时更换新熔体。一般应保留必要的备件。

（6）熔断器周围介质温度应与被保护对象的周围介质温度基本一致，若相差太大，也会使保护动作产生误差。

18. 熔断器的常见故障及处理方法有哪些？

熔断器的常见故障及处理方法见表 2-3。

表 2-3　　　　　　　熔断器的常见故障及处理方法

故障现象	可能原因	处理方法
电路接通瞬间，熔体熔断	熔体电流等级选择过小	更换同等规格熔体
	负载侧短路或接地	排除负载故障
	熔体安装时受机械损伤	更换熔体
熔体未熔断，但电路不通	熔体或接线座接触不良	重新检查连接

19. 跌落式熔断器有什么用途？

跌落式熔断器（又称跌落开关）广泛应用于 10kV 配电线路和配电变压器一次侧，作为过载及短路保护电器，兼作隔离设备。它安装在 10kV 配电线路分支线上，可缩小停电范围，因其有一个明显的断开点，具备了隔离开关的功能，给检修段线路和设备创造了一个安全的作业环境，增加了检修人员的安全感。

20. 跌落式熔断器的工作原理是怎样的？

熔管两端的动触头依靠熔丝（熔体）系紧，将上动触头推入"鸭嘴"凸出部分后，磷铜片等制成的上静触头顶着上动触头，从而熔管牢固地卡在"鸭嘴"里。当短路电流通过熔丝熔断时，产生电弧，熔管内衬的钢纸管在电弧作用下产生大量气体，因熔管上端被封死，气体向下端喷出，吹灭电弧。由于熔熔断，熔管的上下动触头失去熔丝的系紧力，在熔管自身重力和上、下静触头弹簧片的作用下，熔管迅速跌落，使电路断开，切除故障段线路或者故障设备。

21. 选择跌落式熔断器应遵循哪些原则？

跌落式熔断器的选择主要遵循以下原则：

（1）10kV 跌落式熔断器适用于环境空气无导电粉尘、无腐蚀性气体及易燃、易爆等危险性环境，以及年度温差变化在 ±40℃以内的户外场所。

（2）其选择是按照额定电压和额定电流两项参数进行，也就是熔断器的额定电压必须与被保护设备（线路）的额定电压相匹配，熔断器的额定电流应大于或等于熔体的额定电流，而熔体的额定电流可选为额定负载电流的 1.5～2 倍。

（3）应按照被保护系统三相短路容量，对所选定的熔断器进行校核，保证被保护系统三相短路容量小于熔断器额定断开容量的上限，但必须大于额定断开容量的下限。若熔断器的额定断开容量（一般是指其上限）过大，很可能使被保护系统三相短路容量小于熔断器额定断开容量的下限，造成在熔体熔断时难以灭弧，最终引起熔管烧毁，爆炸等事故。

22. 安装跌落式熔断器时应注意哪些问题？

（1）安装时应将熔体拉紧使熔体大约受到 24.5N 左右的拉力，否则容易引起触头发热。

（2）熔断器安装在横担构架上应牢固可靠，不能有任何的晃动或摇晃现象。

（3）熔管应有向下 25°（±2°）的倾下角，以保证熔体熔断时熔管能依靠自身重量迅速跌落。

（4）高压侧熔断器的底部对地面的垂直距离不低于 4.5m，低压侧熔断器的底部对地面的垂直距离不低于 3.5m。若熔断器安装在配电变压器上方，应与配电变压器的最外轮廓边界保持 0.5m 以上的水平距离，以防熔管掉落引发其他事故。

（5）熔管的长度应调整适中，要求合闸后鸭嘴能扣住触头长度的 2/3 以上，以免在运行中发生自行跌落的误动作。另外，熔管不可顶死鸭嘴，以防止熔体熔断后熔管不能及时跌落。

（6）熔体必须是正规厂家的标准产品，并具有一定的机械强度，一般要求熔体至少能承受 147N 的拉力。

（7）高压侧熔断器各相熔断器的水平距离不小于 0.5m，低压侧熔断器各相熔断器的水平距离不小于 0.2m。

23. 怎样正确操作跌落式熔断器？

一般情况下不允许带负载操作跌落式熔断器，只允许操作空载设备线路。但在农网 10kV 配电线路分支线和额定容量小于 200kVA 的配电变压器上允许按下列要求带负载操作：

（1）操作由两人进行，一人监护，一人操作，且必须戴经试验合格的绝缘手套，穿绝缘靴、戴护目眼镜，使用电压等级相匹配的合格绝缘棒操作，在雷电或者大雨的气候下禁止操作。

（2）在拉闸操作时，一般规定为先拉断中间相，再拉断背风的边相，最后拉断迎风的边相。这是因为配电变压器由三相运行改为两相运行，拉断中间相时所产生的电弧火花最小，不会造成相间短路。其次是拉断背风边相，因为中间相已被拉开，背风边相与迎风边相的距离增加了一倍，即使有过电压产生，造成相间短路的可能性也很小。最后拉断迎风边相时，仅有对地的电容电流，产生的电火花则已很轻微。

（3）合闸时候的操作顺序与拉闸时相反，先合迎风边相，再合背风边相，最后合上中间相。

（4）操作熔管是一项频繁的项目，一不小心便会烧伤触头引起接触不良，使触头过热，弹簧退火，促使触头接触更为不良，形成恶性循环。所以，拉、合熔管时要用力适度，合好后，要仔细检查鸭嘴舌头能紧紧扣住舌头长度的 2/3 以上，可用拉闸杆钩住上鸭嘴向下压几下，再轻轻试拉，检查是否合好。合闸时未能到位或未合牢靠，熔断器上静触头压力不足，极易造成触头烧伤或者熔管自行跌落。

24. 跌落式熔断器的运行维护有哪些注意事项？

为使熔断器能更可靠、安全地运行，除按规程要求严格地选择正规厂家生产的合格产品及配件（包括熔体等）外，在运行维护管理中应特别注意以下事项：

（1）熔断器的额定电流与熔体及负载电流值是否匹配合适，若配合不当必须进行调整。

（2）熔断器的每次操作必须仔细，不可粗心大意，特别是合闸操作，必须使动、静触头接触良好。检查熔断器转动部位是否灵活，有无锈蚀、转动不灵等异常，零部件是无损坏、弹簧有无锈蚀。

（3）熔管内必须使用标准熔体，禁止用铜丝、铝丝代替熔体，更不准用铜丝、铝丝及铁丝将触头绑扎使用。

（4）对新安装或更换的熔断器，要严格验收工序，必须满足规程质量要求，熔管安装角度达到 25°左右的倾下角。

（5）熔体熔断后应更换新的同规格熔体，不可将熔断后的熔体连接起来再装入熔管继续使用。

（6）应定期对熔断器进行巡视，每月不少于一次夜间巡视，查看有无放电火花和接触不良现象，若有放电，并伴有嘶嘶的响声，要尽早安排处理。

25. 在停电检修时应对跌落式熔断器做好哪些检查？

（1）静、动触头接触是否吻合、紧密完好，有无烧伤痕迹。

（2）熔断器转动部位是否灵活，有无锈蚀、转动不灵等异常，零部件是否损坏，弹簧有无锈蚀。

（3）熔体本身有无受到损伤，经长期通电后有无发热引起的伸长过多而变得松弛无力。

（4）熔管经多次动作，管内产气用消弧管是否烧伤及日晒雨淋后是否损伤变形、长度是否缩短。

（5）清扫绝缘子并检查有无损伤、裂纹或放电痕迹，拆开上、下连接引线后，用 2500V 绝缘电阻表测试绝缘电阻应大于 300MΩ。

（6）检查熔断器上下连接引线有无松动、放电、过热现象。

对上述项目检查出的缺陷一定要认真检修处理。

26. 如何更换跌落式熔断器的熔丝？

在给熔丝管接熔丝时，将适当粗细的丙纶丝两端扭成绳，中间松散，并在中间部分相距一定长度位置各打一个结，将松散的丙纶丝并绕在熔丝上，而后将丙纶丝绳固定在熔管两端且拉紧，再将熔丝固定好。

但熔丝不要拉得太紧，其松紧度以合闸后的熔丝与无伸张力的丙纶丝绳松紧度相适宜为佳。注意，一定不要将熔丝的两端和丙纶丝绳的两端固定在一起。这样，操作跌落熔断器时的作用力和跌落式熔断器投入运行后两端触头的弹簧力便作用在丙纶丝绳上。

第三章

低压开关实用技术

1. 低压开关有什么用途？

低压开关主要用作隔离、转换及接通和分断电路，一般为非自动切换。低压开关多数用作机床电路的电源开关和局部照明电路的控制开关，有时也用来直接控制小容量电动机的启动、停止和正、反转。

2. 低压开关是如何分类的？

低压开关按极数划分，可分为单极、双极和三极三种；按操作方式划分，可分为手柄直接操作的、杠杆—手操作的、气动操作的、电动操作的四种；按合闸方向划分，可分为单投和双投两种；按密封的形式划分，可分为开启式和密封式两种。

3. 常用低压开关有哪些类型？

常用的低压开关类型有刀开关、组合开关、低压断路器等。

4. 刀开关是如何分类的？

刀开关的种类很多，最常用的是由刀开关和熔断器组合而成的负荷开关。负荷开关分为开启式负荷开关和封闭式负荷开关两种。

5. 开启式负荷开关有哪些特点，适用于什么场所？

它结构简单、价格便宜、手动操作，适用于交流频率50Hz、额定电压单相220V或三相380V、额定电流10～100A的照明、电热设备及小容量电动机等不需要频繁接通和分断电路的控制线路，并起短路保护作用。它要求具有一定的稳定性，同时需具备一定的热稳定性。

6. 开启式负荷开关的外形、结构与图形符号是怎样的？

开启式负荷开关的外形、结构与图形符号如图 3-1 所示。

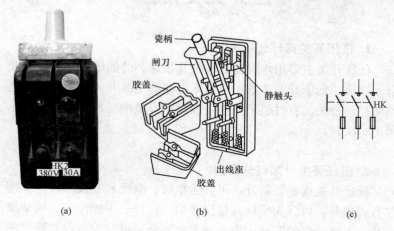

图 3-1　开启式负荷开关

（a）外形；（b）结构；（c）图形符号

开启式负荷开关的瓷座上装有静触头、出线座和带瓷柄的闸刀，上面盖有胶盖，以防止人员操作时触及带电体或开关分断时产生的电弧飞出伤人。

7. 开启式负荷开关的型号及含义是怎样的？

开启式负荷开关的型号及含义如图 3-2 所示。

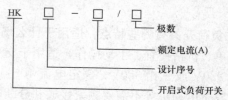

图 3-2　开启式负荷开关的型号及含义

28

8. 开启式负荷开关的主要技术数据有哪些?

开启式负荷开关的主要技术数据见表 3-1。

表 3-1　　　　　　　　开启式负荷开关的主要技术数据

型号	极数	额定电流(A)	额定电压(V)	可控制电动机最大容量(kW) 定额电压220V	可控制电动机最大容量(kW) 定额电压380V	配用熔丝规格 熔丝线径(mm)	配用熔丝规格 熔丝成分(%) 铅	配用熔丝规格 熔丝成分(%) 锡	配用熔丝规格 熔丝成分(%) 锑
HK1-15	2	15	220	—	—	1.45～1.59			
HK1-30	2	30	220	—	—	2.30～2.52			
HK1-60	2	60	220	—	—	3.36～4.00	98	1	1
HK1-15	3	15	380	1.5	2.2	1.45～1.59			
HK1-30	3	30	380	3.0	4.0	2.30～2.52			
HK1-60	3	60	380	4.5	5.5	3.36～4.00			

9. 如何选用开启式负荷开关?

开启式负荷开关用于一般的照明电路和功率小于 5.5kW 的电动机控制线路中。这种开关没有专门的灭弧装置,其闸刀和静触头易被电弧灼伤引起接触不良,因此不宜用于操作频繁的电路。具体选用方法如下:

1) 用于照明和电热负载时,选用额定电压 220V 或 250V,额定电流不小于电路所有负载额定电流之和的两极开关。

2) 用于控制电动机的直接启动和停止时,选用额定电压 380V 或 500V,额定电流不小于电动机额定电流 3 倍的三极开关。

10. 如何正确安装和使用开启式负荷开关?

(1) 开启式负荷开关必须垂直安装在控制屏或开关板上,且合闸状态时手柄应朝上,不允许倒装或平装,以防发生误合闸事故。

（2）开启式负荷开关用于控制照明和电热负载时，要装接熔断器做短路和过载保护。接线时应把电源进线接在静触头一边的进线座，负载接在动触头一边的出线座。

（3）开启式负荷开关用作电动机的控制开关时，应将其熔体部分用铜导线直接连接，并在出线端另外加装熔断器做短路保护。

（4）在分闸和合闸操作时，应动作迅速，使电弧尽快熄灭。更换熔体时，必须在闸刀断开的情况下按原规格更换。

（5）常见故障及处理方法。开启式负荷开关最常见的故障是触头接触不良造成的电路开路或触头发热，可根据情况整修或更换触头。

11. 封闭式负荷开关有哪些特点和用途？

（1）特点：封闭式负荷开关是在开启式负荷开关的基础上改进设计而成的，其外壳多为铸铁或用薄钢板冲压而成，因此俗称铁壳开关。

（2）用途：封闭式负荷开关适用于交流频率 50Hz、额定工作电压 380V、额定工作电流至 400A 的电路中，用于手动不频繁地接通和分断带负载的电路及线路末端的短路保护，或用于控制 15kW 以下小容量交流电动机的直接启动和停止。

12. 封闭式负荷开关有什么结构特点？

常用的 HH3 系列封闭式负荷开关在结构上设计成侧面旋转操作式，其外形、结构如图 3-3 所示。其结构主要由操动机构、熔断器、触头系统和铁壳组成。操动机构包含快速分断装置（速断弹簧等），开关的闭合和分断速度与操作者手动速度无关，从而保证了操作人员和设备的安全；触头系统全部封装在铁壳内，并带有灭弧室以保证安全；罩盖与操动机构设置了联锁装置，保证开关在合闸状态下罩盖不能开启，罩盖开启时不能合闸。另外，罩盖也可以加锁，确保操作安全。

封闭式负荷开关在电路图中的符号与开启式负荷开关相同。

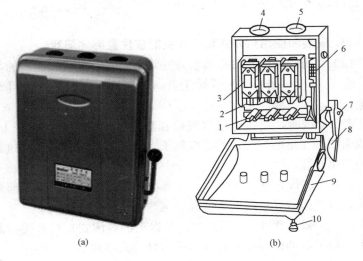

图 3-3　HH3 系列封闭式负荷开关

（a）外形；（b）结构

1—动触头；2—静触头；3—熔断器；4—进线孔；5—出线孔；6—速断
弹簧；7—转轴；8—手柄；9—罩盖；10—罩盖锁紧螺栓

13. 封闭式负荷开关的型号及含义是怎样的？

封闭式负荷开关的型号及含义如图 3-4 所示。

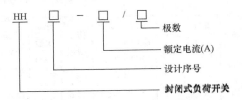

图 3-4　封闭式负荷开关的型号及含义

14. 如何选用封闭式负荷开关？

　　封闭式负荷开关用于控制照明和电热负载时，额定电压应不
小于工作电路的额定电压，额定电流应等于或稍大于电路的工作
电流；用于控制电动机工作时，考虑到电动机的启动电流较大，

31

应使开关的额定电流不小于电动机额定电流的 3 倍。

15. 安装和使用封闭式负荷开关时应注意哪些问题？

（1）封闭式负荷开关必须垂直安装在无强烈振动和冲击的场所，安装高度一般离地不低于 1.3～1.5m，外壳必须可靠接地。

（2）接线时，应将电源进线接在静夹座一边的接线端子上，负载引线接在熔断器一边的接线端子上，且进出线都必须穿过开关的进出线孔。

（3）在进行分合闸操作时，要站在开关的手柄侧，不准面对开关，以免因意外故障电流使开关爆炸，铁壳飞出伤人。

（4）一般不用额定电流 100A 及以上的封闭式负荷开关控制较大容量的电动机，以免发生电弧飞溅伤人事故。

16. HH4 封闭式负荷开关的技术数据是怎样的？

HH4 封闭式负荷开关的技术数据见表 3-2。

表 3-2　　　　　　　HH4 封闭式负荷开关的技术数据

型号	额定电流（A）	刀开关极限通断能力（在110%额定电压时）			熔断器极限分断能力			控制电动机最大功率（kW）	熔体额定电流（A）	熔体（紫铜丝）直径（mm）
		通断电流（A）	功率因数	通断次数（次）	分断电流（A）	功率因数	分断次数（次）			
HH4-15/3	15	60	0.5	10	750	0.8	2	3.0	6 10 15	0.26 0.35 0.46
HH4-30/3Z	30	120			1500	0.7		7.5	20 25 30	0.65 0.71 0.81
HH4-60/3Z	60	240	0.4		3000	0.6		13	40 50 60	0.92 1.07 1.20

17. 封闭式负荷开关的常见故障及处理方法有哪些?

封闭式负荷开关常见的故障及处理方法见表 3-3。

表 3-3　　　　封闭式负荷开关常见的故障及处理方法

故障现象	可能原因	处理方法
操作手柄带电	外壳未接地或接地线松脱	检查后, 加固接地导线
	电源进出线绝缘损坏碰壳	更换导线或恢复绝缘
夹座 (静触头) 过热或烧坏	夹座表面烧毛	用细锉修整夹座
	闸刀与夹座压力不足	调整闸刀与夹座压力
	负载过大	减轻负载或更换大容量开关

目前, 封闭式负荷开关的使用有逐步减少的趋势, 取而代之的是大量使用的低压断路器。

18. 组合开关有什么特点和用途?

组合开关又称为转换开关, 其特点是体积小、触头对数多、接线方式灵活、操作方便。HZ 系列组合开关适用于交流频率 50Hz、电压至 380V 及以下, 或直流 220V 及以下的电气线路中, 用于手动不频繁地接通和分断电路、换接电源和负载, 或控制 5kW 以下小容量电动机的启动、停止和正反转。

19. 组合开关的外形、结构与图形符号是怎样的?

组合开关有 HZ1、HZ2、HZ3、HZ4、HZ5 及 HZ10 等系列产品, 其中 HZ10 系列是全国统一设计产品, 具有性能可靠、结构简单、组合性强、寿命长等优点, 在生产中得到广泛应用。

HZ10-10/3 型组合开关的外形、结构与符号如图 3-5 所示。该组合开关的三对静触头分别装在三层绝缘垫板上, 并附有接线柱, 用于与电源及设备相接。动触头是由磷铜片 (或硬紫铜片) 和具有良好灭弧性能的绝缘钢纸板铆合而成, 并和绝缘垫板一起套在附有手柄的方形绝缘转轴上。手柄和转轴能在平行于安装面的平面内沿顺时针或逆时针方向每次转动 90°, 带动三个动触头

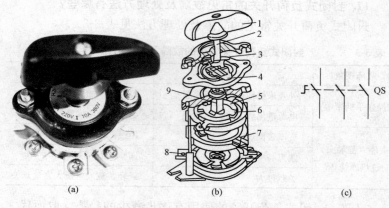

图 3-5　HZ10-10/3 型组合开关

（a）外形；（b）结构；（c）符号

1—手柄；2—转轴；3—扭簧；4—凸轮；5—绝缘垫板；6—动触头；

7—静触头；8—接线端子；9—绝缘方轴

分别与三对静触头接触或分离，实现接通或分断电路的目的。开关的顶盖部分是由凸轮、扭簧和手柄等构成的操动机构。由于采用了扭簧储能，可使触头快速闭合或分断，从而提高了开关的通断能力，使开关的闭合和分断速度与手动操作无关。

组合开关的绝缘垫板可以一层层组合起来，最多可达六层。按不同方式配置动触头和静触头，可得到不同类型的组合开关，以满足不同的控制要求。

20. HZ10 系列组合开关的型号及含义是怎样的？

HZ10 系列组合开关的型号及含义如图 3-6 所示。

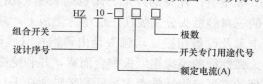

图 3-6　HZ10 系列组合开关的型号及含义

21. 倒顺开关的原理是怎样的?

倒顺开关是组合开关的一种,也称可逆转换开关,是专为控制小容量三相异步电动机的正反转而设计生产的,其外形与符号如图 3-7 所示。倒顺开关的工作原理如图 3-8 所示。操作倒顺开关 QS,当手柄处于"停"的位置时,QS 的动、静触头不接触,

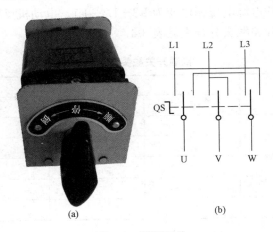

(a)　(b)

图 3-7　倒顺开关

(a) 外形;(b) 符号

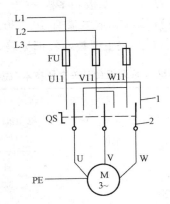

图 3-8　倒顺开关的工作原理图

35

电路不通，电动机不转；当手柄扳至"顺"位置时，QS的动触头和左边的静触头相接触，电按按 L1—U、L2—V、L3—W 接通，输入电动机定子绕组的电源电压相序为 L1—L2—L3，电动机正转；当手柄扳至"倒"位置时，QS 的动触头和右边的静触头相接触，电路按 L1—W、L2—V、L3—U 接通，输入电动机定子绕组的电源电压相序变为 L3—L2—L1，电动机反转。

倒顺开关触头分合表见表 3-4。

表 3-4　　　　　　　　倒顺开关触头分合表

触头	手柄位置		
	倒	停	顺
L1-U	×		×
L2-W	×		
L3-V	×		
L2-V			×
L3-W			×

22. 组合开关的主要技术数据有哪些?

组合开关可分为单极、双极和多极三类，主要参数有额定电压、额定电流、极数等，额定电流有 10、20、40、60A 等几个等级。HZ10 系列组合开关主要技术数据见表 3-5。

表 3-5　　　　　　　HZ10 系列组合开关主要技术数据

型号	额定电压	额定电流（A）		380V 时可控制电动机的功率（kW）	极限操作电流（A）	
		单极	三极		接通	分断
HZ10-10	直流 220 V 或交流 380V	6	10	1	94	62
HZ10-25		—	25	3.3		
HZ10-60		—	60	5.5	155	108
HZ10-100		—	100	—		

23. 如何选用组合开关？

组合开关应根据电源种类、电压等级、所需触头数、接线方式和负载容量进行选用。用于控制小型异步电动机的运转时，组合开关的额定电流一般取电动机额定电流的 1.5～2.5 倍。

24. 如何安装和使用组合开关？

（1）HZ10 系列组合开关应安装在控制箱（或壳体）内，其操作手柄最好伸出在控制箱的前面或侧面。开关为断开状态时应使手柄在水平旋转位置。倒顺开关外壳上的接地螺钉应可靠接地。

（2）组合开关若需在箱内操作，开关应装在箱内右上方，并且在它的上方不安装其他电器，否则应采取隔离或绝缘措施。

（3）组合开关的通断能力较低，不能用来分断故障电流。用于控制异步电动机的正反转时，必须在电动机完全停止后才能反向启动，且每小时的接通次数不能超过 15～20 次。

（4）当操作频率过高或负载功率因数较低时，应降低组合开关的容量，以延长其使用寿命。

（5）倒顺开关接线时，应将开关两侧进线或出线中的一相互换，并看清开关接线端标记，切忌接错，以免产生电源两相短路故障。

25. 组合开关的常见故障及处理方法有哪些？

组合开关的常见故障及处理方法见表 3-6。

表 3-6 　　　　　　组合开关的常见故障及处理方法

故障现象	可能原因	处理方法
手柄转动后，内部触头未动	手柄上的轴孔磨损变形	调换手柄
	绝缘杆变形（由方形磨为圆形）	更换绝缘杆
	手柄与方轴，或轴与绝缘杆配合松动	紧固松动部件
	操动机构损坏	修理更换

续表

故障现象	可能原因	处理方法
手柄转动后，动、静触头不能按要求动作	组合开关型号选用不正确	更换开关
	触头角度装配不正确	重新装配
	触头失去弹性或接触不良	更换触头、清除氧化层或尘污
接线柱间短路	因铁屑或油污附着在接线柱间形成导电层，将胶木烧焦，绝缘损坏而形成短路	更换开关

26. 低压断路器有什么作用？

低压断路器又叫自动空气开关或自动空气断路器，是低压配电网络和电力拖动系统中常用的一种配电电器。它集控制和多种保护功能于一体，在线路工作正常时，作为电源开关可用于不频繁地接通和断开电路以及控制电动机的运行。当电路中发生短路、过载和失电压等故障时，它能自动跳闸切断故障电路，从而保护线路和电气设备。

27. 低压断路器有什么特点？

低压断路器具有操作安全、安装使用方便、工作可靠、动作值可调、分断能力较高、兼做多种保护、动作后不需要更换元件等优点。

28. 低压断路器是如何分类的？

低压断路器的分类：①按结构形式可分为塑壳式（又称装置式）、万能式（又称框架式）、限流式、直流快速、灭磁式和漏电保护式六类；②按操作方式可分为人力操作式、动力操作式和储能操作式；③按极数可分为单极式、二极式、三极式和四极式；④按安装方式又可分为固定式、插入式和抽屉式；⑤按断路器在电路中的用途可分为配电用断路器、电动机保护用断路器和其他负载（如照明）用断路器等。

29. 低压断路器的结构是怎样的？各部件有什么作用？

在电力系统中常用的低压断路器是塑壳式断路器，如 DZ5 和 DZ10 系列。其中，DZ5 为小电流系列，额定电流为 10～50A；DZ10 为大电流系列，额定电流有 100、250、600A 三种。

DZ5 系列断路器的外形和结构如图 3-9 所示。其结构采用立体布局，操动机构在中间，上面是由加热元件和双金属片等构成的热脱扣器，做过载保护，配有电流调节装置，调节整定电流。下面是由线圈和铁芯等组成的电磁脱扣器，做短路保护，它也有一个电流调节装置，调节瞬时脱扣整定电流。主触头在操动机构后面，由动触头和静触头组成，配有栅片灭弧装置，用以接通和断开主回路的大电流。另外，还有动合和动断辅助触点各一对。主触头和辅助触点的接线柱均伸出壳外，以便于接线。在壳顶部还伸出接通（绿色）和分断（红色）按钮，通过储能弹簧和杠杆

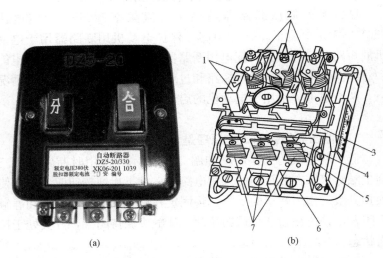

(a)　　　　　　　　　　(b)

图 3-9　DZ5 断路器的外形和结构

（a）外形；（b）结构

1—按钮；2—电磁脱扣器；3—自由脱扣器；4—动触头；5—静触头；

6—接线柱；7—热脱扣器

机构实现断路器的手动接通和分断操作。

使用时断路器的三对主触头串联在被控制的三相电路中，用以接通和分断主回路的大电流。按下绿色"合"按钮时接通电路；按下红色"分"按钮时切断电路。当电路出现短路、过载等故障时，断路器会自动跳闸切断电路。

断路器的热脱扣器用于过载保护，整定电流的大小由电流调节装置调节。

电磁脱扣器用作短路保护，瞬时脱扣整定电流的大小由电流调节装置调节。出厂时，电磁脱扣器的瞬时脱扣整定电流一般整定为 $10I_N$（I_N 为断路器的额定电流）。

欠压脱扣器用作零电压和欠电压保护。含有欠压脱扣器的断路器，在欠压脱扣器两端无电压或电压过低时不能接通电路。

30. DZ5 系列断路器主要用于什么场所？

DZ5 系列低压断路器适用于交流频率 50Hz、额定电压 380V、额定电流至 50A 的电路。保护电动机用断路器用于电动机的短路和过载保护，配电用断路器在配电网络中用来分配电能和对线路及电源设备进行短路和过载保护。在使用不频繁的情况下，两者也可分别用于电动机的启动和线路的转换。

31. 低压断路器的工作原理是怎样的？

低压断路器的工作原理如图 3-10 所示。使用时断路器的三副主触头串联在被控制的三相电路中，按下接通按钮时，外力使锁扣克服反作用弹簧的反力，将固定在锁扣上面的动触头和静触头闭合，并由锁扣锁住搭钩使动、静触头保持闭合，开关处于接通状态。

当线路发生过载时，过载电流流过热元件产生一定的热量，使双金属片受热向上弯曲，通过杠杆推动搭扣与锁扣脱开，在反作用弹簧的推动下，动、静触头分开，从而切断电路，使用电设备不致因过载而烧毁。

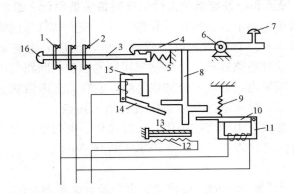

图 3-10　低压断路器工作原理示意图

1—动触头；2—静触头；3—锁扣；4—搭钩；5—反作用弹簧；
6—转轴座；7—分断按钮；8—杠杆；9—拉力弹簧；10—欠压
脱扣器衔铁；11—欠压脱扣器；12—热元件；13—双金属片；
14—电磁脱扣器衔铁；15—电磁脱扣器；16—接通按钮

当线路发生短路故障时，短路电流超过电磁脱扣器的瞬时脱扣整定电流，电磁脱扣器产生足够大的吸力将衔铁吸合，通过杠杆推动搭钩与锁扣分开，从而切断电路，实现短路保护。低压断路器出厂时，电磁脱扣器的瞬时脱扣整定电流一般整定为 $10I_N$（I_N 为断路器的额定电流）。

欠压脱扣器的动作过程与电磁脱扣器恰好相反。当线路电压正常时，欠压脱扣器的衔铁被吸合，衔铁与杠杆脱离，断路器的主触头能够闭合；当线路上的电压消失或下降到某一数值时，欠压脱扣器的吸力消失或减小到不足以克服拉力弹簧的拉力时，衔铁在拉力弹簧的作用下撞击杠杆，将搭钩顶开，使触头分断。由此也可看出，含有欠压脱扣器的断路器在欠压脱扣器两端无电压或电压过低时，不能接通电路。

需手动分断电路时，按下分断按钮即可。

32. 接通和断开容量较大的低压网络需要用什么断路器？

在需要手动不频繁地接通和断开容量较大的低压网络或控制较大容量（40～100kW）电动机的场所，经常采用框架式低压断路器。这种断路器有一个钢制或压塑的框架，断路器的所有部件都装在框架内，导电部分加以绝缘，它含有过电流脱扣器和欠电压脱扣器，可对电路和设备实现过载、短路、失电压等保护。它的操作方式有手柄直接操作、杠杆操作、电磁铁操作和电动机操作四种。其代表产品有 DW10 和 DW16 系列。

33. 低压断路器的图形符号、型号及含义是怎样的？

低压断路器的图形符号如图 3-11 所示。

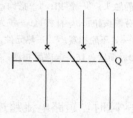

图 3-11　低压断路器的图形符号

DZ5 系列低压断路器的型号及含义如图 3-12 所示。

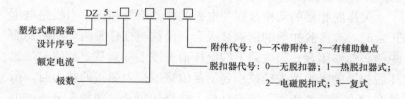

图 3-12　DZ5 系列低压断路器的型号及含义

34. DZ5-20 型低压断路器有哪些技术数据？

DZ5-20 型低压断路器的技术数据见表 3-7。

表 3-7 DZ5-20 型低压断路器的技术数据

型号	额定电压(V)	主触头额定电流(A)	极数	脱扣器形式	热脱扣器额定电流(括号内为整定电流调节范围,A)	电磁脱扣器瞬时动作整定值(A)
DZ5-20/330 DZ5-20/230	AC 380 DC 220	20	3 2	复式	0.15(0.10~0.15) 0.20(0.15~0.20) 0.30(0.20~0.30) 0.45(0.30~0.45) 0.65(0.45~0.65)	
DZ5-20/320 DZ5-20/220	AC 380 DC 220	20	3 2	电磁式	1(0.65~1) 1.5(1~1.5) 2(1.5~2) 3(2~3) 4.5(3~4.5)	电磁脱扣器额定电流的 8~12 倍(出厂时整定为 10 倍)
DZ5-20/310 DZ5-20/210	AC 380 DC 220	20	3 2	热脱扣器式	6.5(4.5~6.5) 10(6.5~10) 15(10~15) 20(15~20)	
DZ5-20/300 DZ5-20/200	AC 380 DC 220	20	3 2	无脱扣器式		

35. 选用低压断路器应遵循什么原则?

(1) 低压断路器的额定电压和额定电流应不小于线路、设备的正常工作电压和工作电流。

(2) 热脱扣器的整定电流应等于所控制负载的额定电流。

(3) 电磁脱扣器的瞬时脱扣整定电流应大于负载电路正常工作时的峰值电流。用于控制电动机的断路器,其瞬时脱扣整定电流可按下式选取

$$I_Z \geqslant KI_{st}$$

式中 K——安全系数,可取 1.5~1.7;

I_{st}——电动机的启动电流,A。

(4) 欠压脱扣器的额定电压应等于线路的额定电压。

(5) 断路器的极限通断能力应不小于电路的最大短路电流。

36. 如何安装和使用低压断路器?

（1）低压断路器的安装：

1）低压断路器应垂直于配电板安装，电源引线接在上端，负载引线接在下端。

2）低压断路器用作电源总开关或电动机的控制开关时，在电源进线侧必须加装刀开关或熔断器等，以形成明显的断开点。

（2）低压断路器的使用：

1）低压断路器使用前应将脱扣器工作面上的防锈油脂擦净，以免影响其正常工作。同时，应定期检修，清除断路器上的积尘，给操动机构添加润滑剂。

2）各脱扣器的动作值调整好后，不允许随意变动，并应定期检查各脱扣器的动作值是否满足要求。

3）断路器的触头使用一定次数或分断短路电流后，应及时检查触头系统，若发现电灼烧痕迹以及触头表面有毛刺、颗粒等，应及时维修或更换。

37. 低压断路器的常见故障及处理方法有哪些?

低压断路器的常见故障及处理方法见表 3-8。

表 3-8　　　　　　　低压断路器的常见故障及处理方法

故障现象	可能原因	处理方法
不能合闸	欠压脱扣器无电压或线圈损坏	检查施加电压或更换线圈
	储能弹簧变形	更换储能弹簧
	反作用弹簧力过大	重新调整
	操动机构不能复位再扣	调整再扣接触面至规定值
电流达到整定值，断路器不动作	热脱扣器双金属片损坏	更换双金属片
	电磁脱扣器的衔铁与铁芯距离太大或电磁线圈损坏	调整衔铁与铁芯的距离或更换断路器
	主触头熔焊	检查原因并更换主触头

故障现象	可能原因	处理方法
启动电动机时断路器立即分断	电磁脱扣器瞬时整定值过小	调高整定值至规定值
	电磁脱扣器的某些零件损坏	更换电磁脱扣器
断路器闭合后一定时间自行分断	热脱扣器整定值过小	调高整定值至规定值
断路器温升过高	触头压力过小	调整触头压力或更换弹簧
	触头表面过分磨损或接触不良	更换触头或修整接触面
	两个导电零件连接螺钉松动	重新拧紧

38. 影响低压断路器寿命的原因有哪些？

影响低压断路器寿命的原因除上述几点外，还有以下因素：①使用时间太长，造成断路器的绝缘老化；②由于机构间的磨损和断路器内润滑油干涸，使它的分合操作发生障碍，动作特性发生变化；③由于过电流（特别是短路电流）的分断，在动、静触头之间产生腐蚀性气体和杂质，使触头电阻增大；④由于周围空气温度升高加上断路器通电后自身的发热，使绝缘零部件受热变形，给机构的运动带来阻碍；⑤由于接线端子和其他部件的紧固螺钉等的松弛，造成异常发热，甚至爆出火花。这些因素并不是单独存在的，而常常是一起对断路器产生影响，由此而缩短了断路器的寿命。

39. 如何对低压断路器进行维护？

低压断路器的检查，对于大型的框架式断路器（如 DW17 等），除了设计定型的型式试验，批量生产后制造厂的定期试验外，还可以参考以下几点：

（1）通电使用前的检查。检查运输断路器的包装箱，不应有碎纸屑或灰尘附在断路器上；检查导线的连接状态；检查耐压性能以及其他的一些基本情况，确保没有问题。

（2）定期检查。低压断路器根据使用环境及工作条件，有必要进行周期性的定期检查，注意尘埃，进行保洁工作。

（3）低压断路器内部检查时应注意的事项。当需要打开盖检查断路器的机构和触头系统时，由于断路器内部的绝缘隔板、灭弧室等物容易掉落，因此开盖检查后，必须仔细清点，把易掉落的零部件一一复原。而对于小壳架等级电流的断路器，如常见的DZ47-63、DZ47-100 漏电断路器等，其底与盖之间贴有封印（或警告牌），是指不能随便对脱扣元件进行调整，因此客户应特别注意不去动脱扣元件。

（4）短路后对断路器的检查事项和处理方法。当断路器在发生一般的短路时，其分断电流通常小于线路的预期短路电流值（即小于断路器的极限短路分断电流）。这是由短路点与电源的距离，短路点的线路阻抗以及断路器的额定电压与实际线路的电压相比有一定的裕量等因素的差异造成的。

对于小于断路器（如断路器 DZ47LE）额定运行短路分断能力的短路电流，对短路电流进行分断，断路器可以照样使用。但是，如果分断的是额定极限短路电流或是采取串级（后备）保护这类恶劣条件的分断，则断路器的损伤会大得多。在运行短路电流分断的实际过程中，当分断短路电流，短路事故排除后，还需要将断路器再合闸（即使是分断额定短路电流），若经过再次分断同样值的短路电流，断路器就一定要更换。

第四章

主令电器实用技术

1. 什么是主令电器？主令电器有什么用途？

在控制电路中发出指令或信号，控制接触器、继电器等电器，再由它们去控制主电路的通断、功能转换或电气联锁，这种专门发送动作命令的电器，称为主令电器。

主令电器主要用于切换控制电路。通过它来发出指令或信号以便控制电力拖动系统及其他控制对象的启动、运转、停止或状态的改变。根据被控线路的多少和电流的大小，主令电器可以直接控制，也可以通过中间继电器进行间接控制。

2. 主令电器是如何分类的？

主令电器按其功能分为五类：①按钮，也称按钮开关；②万能转换开关；③行程开关；④主令控制器；⑤其他主令电器，如脚踏开关、倒顺开关等。

3. 对主令电器有哪些基本要求？

（1）电气性能方面的要求。在控制线路中，主令电器主要用来控制电磁开关的电磁线圈与电源的接通、分断。因此，对其触头的要求主要是接触良好、动作可靠、耐电弧和抗机械磨损；其技术数据应明确，如额定电压、额定电流、通断能力、允许操作频率、电气和机械寿命，以及控制触点的编组和触头的关合顺序等。

（2）机械性能与结构方面的要求：

1）操作力和动作行程的大小要合适。

2）操作部位应明显、灵活、方便，不易造成误动作或误操作。

3）主令电器动作及工作位置都应明确，操作的指示符号应明显、正确。

4. 按钮有什么作用？

按钮是一种用人体某一部分（一般为手指或手掌）施加力来操作，并具有弹簧储能复位功能的控制开关，是一种最常用的主令电器。按钮的触头允许通过的电流较小，一般不超过5A。因此，一般情况下，它不直接控制主电路（大电流电路）的通断，而是在控制电路（小电流电路）中发出指令或信号，控制接触器、继电器等电器，再由它们去控制主电路的通断、功能转换或电气联锁。即按钮主要用于远距离操作接触器、启动器、继电器等具有控制线圈的电器，或用于发出信号及电气联锁的线路中。

5. 按钮的结构及图形符号是怎样的？

按钮一般由按钮帽、复位弹簧、桥式动触头、静触头、支柱连杆及外壳等部分组成。按钮的结构和符号如图4-1所示。

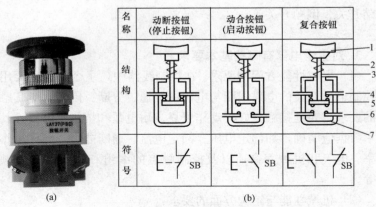

图 4-1　按钮的结构和符号

1—按钮帽；2—复位弹簧；3—支柱连杆；4—动断静触头；
5—桥式动触头；6—动合静触头；7—外壳

6. 按钮是如何分类的？各有什么特点？

按钮按静态（不受外力作用）时触头的分合状态，可分为动合按钮（启动按钮）、动断按钮（停止按钮）和复合按钮（动合、动断按钮组合为一体的按钮）。

7. 动合按钮、动断按钮和复合按钮分别是如何动作的？

（1）动合按钮（启动按钮）未按下时，触头是断开的；按下时，触头闭合；松开后，按钮自动复位（即断开）。

（2）动断按钮（停止按钮）与动合按钮相反，未按下时，触头是闭合的；按下时，触头分断；松开后，按钮自动复位。

（3）复合按钮是将动合和动断按钮组合为一体，如图 4-2 所示。当按下复合按钮时，动断触点先断开后，动合触点才闭合；当松开按钮时，则动合触点先分断复位后，动断触点再闭合复位。

图 4-2　复合按钮

8. 按钮和指示灯的颜色是怎样规定的？不同颜色的含义是什么？

为了便于操作人员识别各种按钮的作用，避免发生误操作，通常用不同的颜色和符号标志来区分按钮和指示灯的作用。按钮颜色的含义见表 4-1。指示灯的颜色及其相对于工业机械状态的含义见表 4-2，当难以选定适当的颜色时，应使用白色。急停操作件的红色不应依赖于其灯光的照度。

表 4-1 按钮颜色的含义

颜色	含义	说　明	应用举例
红	紧急	危险或紧急情况时操作	急停
黄	异常	异常情况时操作	干预、制止异常情况，干预、重新启动中断了的自动循环
绿	安全	安全情况或为正常情况准备时操作	启动/接通
蓝	强制性的	要求强制动作情况下的操作	复位功能
白			启动/接通（优先），停止/断开
灰	未赋予特定含义	除急停以外的一般功能的启动	启动/接通，停止/断开
黑			启动/接通，停止/断开（优先）

注　如果用代码的辅助手段（如标记、形状、位置）来识别按钮操件件，则白、灰或黑色中，同一颜色可用于标注不同的功能（如白色用于标注启动/接通和停止/断开）。

表 4-2 指示灯的颜色及其相对于工业机械状态的含义

颜色	含义	说明	操作者的动作	应用示例
红	紧急	危险情况	立即动作去处理危险情况（如操作急停）	压力/温度超过安全极限，电压降落，击穿行程超越停止位置
黄	异常	异常情况，紧急临界情况	监视和（或）干预（如重建需要的功能）	压力/温度超过正常限值，保护器件脱扣
绿	正常	正常情况	任选	压力/温度在正常范围内
蓝	强制性	指示操作者需要动作	强制性动作	指示输入预选值
白	无确定性质	其他情况，可用于红、黄、绿、蓝色的应用有疑问时	监视	一般信息

9. 常用按钮的型号及含义是怎样的?

按钮的型号及含义如图 4-3 所示。

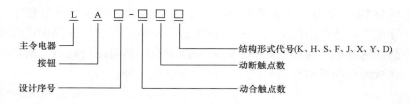

图 4-3　按钮的型号及含义

其中，结构形式代号的含义如下：

默认：一般式；

K：开启式，嵌装在操作面板上；

H：保护式，带保护外壳，可防止内部零件受机械损伤或人偶然触及带电部分；

S：防水式，具有密封外壳，可防止雨水侵入；

F：防腐式，能防止腐蚀性气体进入；

J：紧急式，带有红色大蘑菇钮头（突出在外），作紧急切断电源用；

X：旋钮式，用旋钮旋转进行操作，有通和断两个位置；

Y：钥匙操作式，用钥匙插入进行操作，可防止误操作或供专人操作；

D：按钮（带指示灯式），按钮内装有信号灯，兼做信号指示。

10. 常用按钮有哪些型号？各有什么特点？

目前在生产机械中常用的按钮有 LA18、LA19 和 LA20 等系列。其中，LA18 系列采用积木式拼接装配基座，触点数目可按需要拼装，一般装成两动合、两动断，也可装成四动合、四动断或六动合、六动断；结构型式有按钮式、旋钮式、紧急式和钥匙操作式。LA19 系列的结构与 LA18 系列的结构相似，但只有一对动合触点和一对动断触点；该系列中有在按钮内装有指示灯的按钮，其按钮帽用透明的塑料制成，兼做信号灯罩。LA20 系列与 LA18、LA19 系列相似，也是组合式的，它除了有带指示灯式外，还有由两个或三个元件组合为一体的开启式和保护式产品。它具有一对动合触点、一对动断触点，两对动合触点、两对动断触点和三对动合触点、三对动断触点三种。

11. 如何正确选用按钮？

（1）根据使用场合和具体用途选择按钮的种类。例如，嵌装在操作面板上的按钮可选用开启式，需显示工作状态的按钮选用带指示灯式，需要防止无关人员误操作的重要场合宜用钥匙操作式，在有腐蚀性气体的场合要用防腐式。

（2）根据工作状态指示和工作情况要求，选择按钮或指示灯的颜色。例如，启动按钮—可选用白色、灰色、绿色或黑色，优先选用白色；急停按钮—应选用红色；停止按钮—可选用黑色、灰色、红色或白色，优先选用黑色。

（3）根据控制回路的需要选择按钮的数量，如单联钮、双联钮和三联钮等。

单联钮：一动合触点、一动断触点。

双联钮：由两只单元按钮组装在同一外壳内，来实现启动和停止。

三联钮：由三只单元按钮组装在同一外壳内，用于控制正、反、停或向前、向后、停止；

多联钮：可以根据需要，采用积木式按钮进行多单元组合。

12. 常用按钮的主要技术数据有哪些？

常用按钮的主要技术数据见表 4-3。

表4-3　常用按钮的主要技术数据

型号	结构形式	触点数量		信号灯		额定电压、额定电流和控制容量	按钮数	按钮颜色
		动合	动断	电压(V)	功率(W)			
LA10-11K	开启式	1	1				1	黑
LA10-22K	开启式	2	2				2	黑、绿或绿、红
LA10-33K	开启式	3	3				3	黑、绿、红
LA10-11H	保护式	1	1				1	黑、绿或绿
LA10-22H	保护式	2	2				2	黑、绿或绿、红
LA10-33H	保护式	3	3				3	黑、绿、红
LA10-1S	防水式	1	1				1	黑、绿或绿
LA10-2S	防水式	2	2				2	黑、绿或绿、红
LA10-3S	防水式	3	3				3	黑、绿、红
LA10-1F	防腐式	1	1				1	黑、绿或绿
LA10-2F	防腐式	2	2			额定电压: AC 380V DC 220V	2	黑、绿或绿、红
LA10-3F	防腐式	3	3				3	黑、绿、红
LA18-22	一般式	2	2				1	红、绿、黄、白或黑
LA18-44	一般式	4	4				1	红、绿、黄、白或黑
LA18-66	一般式	6	6			额定电流: 5A	1	红、绿、黄、白或黑
LA18-22J	紧急式	2	2				1	红
LA18-44J	紧急式	4	4				1	红

续表

型号	结构形式	触点数量 动合	触点数量 动断	信号灯 电压(V)	信号灯 功率(W)	额定电压和额定电流和控制容量	按钮数	按钮 颜色
LA18-66J	紧急式	6	6			控制容量: AC 300VA DC 60W	1	红
LA18-22X	旋钮式	2	2				1	黑
LA18-44X	旋钮式	4	4				1	黑
LA18-66X	旋钮式	6	6				1	锁芯本色
LA18-22Y	钥匙操作式	2	2				1	锁芯本色
LA18-44Y	钥匙操作式	4	4				1	锁芯本色
LA18-66Y	钥匙操作式	6	6				1	锁芯本色
LA19-11	一般式	1	1				1	红、绿、蓝、黄、红
LA19-11J	紧急式	1	1				1	红、绿、蓝、白或黑
LA19-11D	带指示灯式	1	1	6	<1		1	红、绿、蓝、白或黑
LA19-11DJ	紧急带指示灯	1	1	6	<1		1	红、绿、黄、蓝或白
LA20-11	一般式	1	1				1	红、绿、黄、蓝或白
LA20-11J	紧急式	1	1				1	红、绿、黄、红
LA20-11D	带指示灯式	1	1	6	<1		1	红、绿、黄、蓝或白
LA20-11DJ	紧急带指示灯	1	1	6	<1		1	红、绿、黄、红
LA20-22	一般式	2	2				1	红、绿、黄、红
LA20-22J	紧急式	2	2				1	红、绿、红、蓝或白
LA20-22D	带指示灯式	2	2	6	<1		1	红、绿、红、蓝或白
LA20-22K	开启式	2	2				2	红、白、红或绿、红
LA20-33K	开启式	3	3				3	白、绿、红
LA20-22H	保护式	2	2				2	白、绿、红
LA20-33H	保护式	3	3				3	白、绿、红

13. 如何正确安装和使用按钮？

（1）安装注意事项：①按钮安装在面板上时，应布置整齐、排列合理，如根据电动机启动的先后顺序，从上到下或从左到右排列；②同一机床运动部件有几种不同的工作状态时（如上、下，前、后，松、紧等），应使每一对相反状态的按钮安装在一组；③按钮的安装应牢固，安装按钮的金属板或金属按钮盒必须可靠接地。

（2）使用注意事项：①由于按钮的触头间距较小，如有油污等极易发生短路故障，所以应注意保持触头间的清洁；②带指示灯按钮一般不宜用于需长期通电显示的地方，以免塑料外壳过度受热而变形，使更换灯泡困难。

14. 按钮的常见故障及处理方法有哪些？

（1）由于按钮的零件尺寸误差以及装配不当，或长期使用磨损使触头松动，造成接触不良、控制失灵。应将按钮拆开维修，磨损严重的要更换。

（2）由于多年使用或密封性不好，使尘埃或机油、乳化液等进入，造成绝缘性能降低甚至被击穿。对这种情况必须进行绝缘和清洁处理，并相应采取密封措施。

（3）动触头弹簧失效造成接触不良，应更换或维修弹簧。

（4）因环境温度高，使塑料变形老化，导致按钮松动，接线螺钉间相碰短路。可以在安装时多加一个紧固圈，两个并紧使用；也可在接线螺钉处加套绝缘塑料管来防止其相碰短路。

（5）带灯按钮由于灯泡要发热，长时间后易使塑料灯罩变形造成更换灯泡困难，因此不宜用于通电时间较长的显示；如需使用，可适当降低灯泡电压，延长其使用寿命。

（6）要经常检修按钮，清除粉尘及油垢，以防触头接触不良，可进行调整或对触头表面进行清洁。

15. 位置开关有什么作用？有哪几种？

位置开关是操动机构在机器的运动部件到达一个预定位置时进行操作的一种指示开关。它包括行程开关、接近开关等。

16. 行程开关的定义和作用是什么？

行程开关是一种利用生产机械某些运动部件的碰撞来发出控制指令的主令电器，主要用于控制生产机械的运动方向、速度、行程大小或位置，是一种自动控制电器。按照其作用和安装位置的不同，行程开关也可称为限位开关或终点开关。行程开关的作用原理与按钮相同，区别在于它不是靠手指的按压，而是利用生产机械运动部件的碰压使其触头动作，从而将机械信号转变为电信号，使运动机械按一定的位置或行程实现自动停止、反向运动、变速运动或自动往返运动等。

17. 行程开关是如何分类的？

（1）一般用途行程开关。一般用途行程开关主要用于机床、自动生产线的限位行程控制，分为直动式、转动式、组合式三种。这类行程开关在使用中由于有较大的机械碰撞或摩擦，因此只适用于低速运动的机械上。因此，为了保证触头能可靠地动作，且不会很快被电弧烧损，必须使触头在运动时产生速动的机构。

（2）起重设备用行程开关。起重设备用行程开关用于限制起重机、行车及各种冶金辅助机械的行程。其结构分为带滚轮的单臂操作式，可自动复位；带滚轮的叉形臂操作式，具有两个转换位置；蜗杆蜗轮传动凸轮操作式，用三叉形臂操作三个转换位置；带有滚轮的双臂操作式，具有两个转换位置等。

18. 行程开关的型号及含义是怎样的？

机床中常用的行程开关有 LX19 系列和 JLXK1 系列行程开关，其型号及含义如图 4-4 所示。

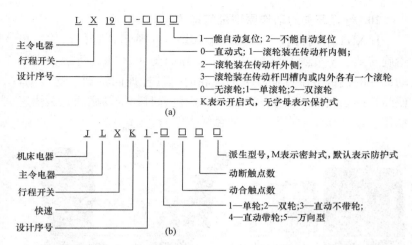

图 4-4 LX19 系列和 JLXK1 系列行程开关的型号及含义

（a）LX19 系列行程关的型号及含义；（b）JLXK1 系列行程开关的型号及含义

19. 行程开关的结构、动作原理和符号是怎样的?

各系列行程开关的基本结构大体相同，都是由操动机构、触头系统和外壳组成。JLXK1 系列行程开关的结构、动作原理及符号如图 4-5 所示。

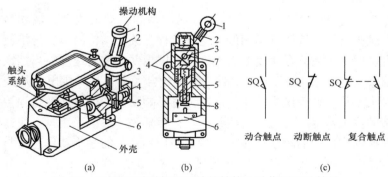

图 4-5 JLXK1 系列行程开关的结构、动作原理及符号

（a）结构；（b）动作原理；（c）符号

1—滚轮；2—杠杆；3—转轴；4—复位弹簧；5—撞块

6—微动开关；7—凸轮；8—调节螺钉

57

20. 行程开关的动作原理是怎样的?

JLXK1 系列行程开关的外形如图 4-6 所示,有按钮式、单轮旋转式、双轮旋转式,其动作原理如图 4-5(b)所示。当运动部件的挡铁碰压行程开关的滚轮时,杠杆连同转轴一起转动,使凸轮推动撞块,当撞块被压到一定位置时,推动微动开关快速动作,使其动断触点断开,动合触点闭合。

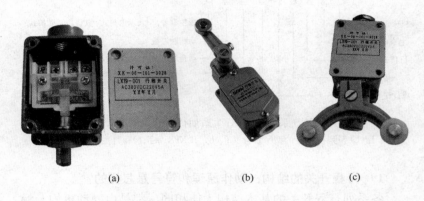

(a)   (b)   (c)

图 4-6   JLXK1 系列行程开关
(a) LX19-001 按钮式;(b) JLXK1-111 单轮旋转式;
(c) LX19-001 双轮旋转式

行程开关的触头动作方式有蠕动型和瞬动型两种。蠕动型的触头结构与按钮结构相似,这种行程开关的结构简单、价格便宜,但触头的分合速度取决于生产机械挡铁的移动速度。当挡铁的移动速度小于 0.007m/s 时,触头分合太慢,易产生电弧灼烧触头,从而减少触头的使用寿命,也影响动作的可靠性及行程控制的位置精度。为克服这些缺点,行程开关一般都采用具有快速换接动作机构的瞬动型触头。瞬动型行程开关的触头动作速度与挡铁的移动速度无关,性能明显优于蠕动型,LX19K 型行程开关即是瞬动型,其动作原理如图 4-7 所示。当运动部件的挡铁碰压顶杆时,顶杆向下移动,压缩触头弹簧使之储存一定的能量。当顶杆移动到一定位置时,触头弹簧的弹力方向发生改变,同时储存的能量得以释放，完成跳跃式快速换接动作。当挡铁离开顶杆时，顶杆在复位弹簧的作用下上移，上移到一定位置，接触桥瞬时进行快速换接，触头迅速恢复到原状态。

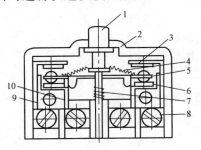

图 4-7　LX19K 型行程开关
的动作原理

1—顶杆；2—外壳；3—动合触点；
4—触头弹簧；5—接触桥；6—动断
触点；7—复位弹簧；8—接线座；
9—动合静触头 10—动断静触桥

行程开关动作后，复位方式有自动复位式和非自动复位式两种。图 4-6（a）所示的按钮式行程开关和图 4-6（b）所示的单轮旋转式行程开关均为自动复位式行程开关，即当挡铁移开后，在复位弹簧的作用下，行程开关的各部分能自动恢复原始状态。但有的行程开关动作后不能自动复位，图 4-6（c）所示的双轮旋转式行程开关，当挡铁碰压这种行程开关的一个滚轮后，行程开关不能自动复位，只有运动机械反向移动，挡铁从相反方向碰压另一滚轮时，触头才能复位。非自动复位式的行程开关价格较贵，但运行较可靠。

21. 如何正确选用行程开关？

行程开关的主要参数是形式、工作行程、额定电压及触头的电流容量，在产品说明书中都有详细说明。行程开关的选择主要根据动作要求、安装位置及触头数量来进行。LX19 和 JLXK1 系列行程开关的主要技术数据见表 4-4。

22. 行程开关的技术数据有哪些？

LX19 和 JLXK1 系列行程开关的主要技术数据见表 4-4。

表 4-4　　　LX19 和 JLXK1 系列行程开关的主要技术数据

型号	额定电压额定电流	结构特点	触点对数 动合	触点对数 动断	工作行程	超行程	触点转换时间
LX19-111		单滚轮保护式，滚轮装在传动杆内侧，能自动复位	1	1	约 30°	约 20°	
LX19-121		单滚轮保护式，滚轮装在传动杆外侧，能自动复位	1	1	约 30°	约 20°	
LX19-131		单滚轮保护式，滚轮装在传动杆凹槽内，能自动复位	1	1	约 30°	约 20°	
LX19-212		双滚轮保护式，滚轮装在 U 形传动杆内侧，不能自动复位	1	1	约 30°	约 15°	
LX19-222	380L 5A	双滚轮保护式，滚轮装在传动杆外侧，不能自动复位	1	1	约 30°	约 15°	≤0.04s
LX19-232		双滚轮保护式，在传动杆内外侧各有一个滚轮，不能自动复位	1	1	约 30°	约 15°	
LX19-001		无滚轮，仅有径向传动杆，能自动复位	1	1	小于 4mm	3mm	
JLXK1-111		单滚轮防护式	1	1	12°～15°	≤30°	
JLXK1-211	500V 5A	双滚轮防护式	1	1	约 45°	≤45°	
JLXK1-311		直动不带轮防护式	1	1	1～3mm	2～4mm	
JLXK1-411		直动带轮防护式	1	1	1～3mm	2～4mm	

23. 如何正确安装和使用行程开关？

（1）安装行程开关时，其位置要准确，安装要牢固，滚轮的方向不能装反，挡铁与其碰撞的位置应符合控制线路的要求，并确保能可靠地与挡铁碰撞。

（2）行程开关在使用中，要定期检查和保养，除去油垢及粉尘，清理触头，经常检查其动作是否灵活、可靠，及时排除故障，防止因行程开关触头接触不良或接线松脱而产生的误动作，避免设备和人身安全事故。

24. 行程开关的常见故障和处理方法有哪些？

行程开关的常见故障及处理方法见表 4-5。

表 4-5　　　　　　行程开关的常见故障及处理方法

故障现象	可能原因	处理方法
挡铁碰撞行程开关后，触头不动作	安装位置不准确	调整安装位置
	触头接触不良或接线松脱	清刷触头或紧固接线
	触头弹簧失效	更换触头弹簧
杠杆已经偏转或无外界机械力作用，但触头不复位	复位弹簧失效	更换复位弹簧
	内部撞块卡阻	清扫内部杂物
	调节螺钉太长，顶住开关按钮	检查调节螺钉

25. 接近开关有什么特点？

行程开关是有触头开关，在操作频繁时，易产生故障，工作可靠性较低。接近开关又称为无触头行程开关，是一种与运动部件无机械接触即能操作的行程开关，如图 4-8 所示。接近开关是一种开关型位置传感器，既有行程开关、微动开关的特性，又有传感性能，且动作可靠、性能稳定、频率响应快、使用寿命长、抗干扰能力强，并具有防水、防振、耐腐蚀等特点，目前应用范围越来越广泛。

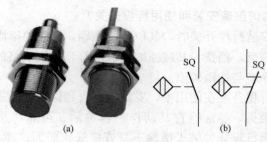

图 4-8　接近开关

（a）外形；（b）符号

26. 接近开关的作用和分类是怎样的？

接近开关既可用于行程控制和限位保护，又可用于检测金属体的存在、高速计数、测速、定位、变换运动方向、检测零件尺寸、液面控制及用作无触头按钮等。

接近开关的产品有电感式、电容式、霍尔式等，电源种类有交流型和直流型，接近开关的形式有圆柱形、方形、普通型、分离型、槽型等。

接近开关按工作原理分，有高频振荡型、感应电桥型、霍尔效应型、光电型、永磁及磁敏元件型、电容型和超声波型等多种类型，其中以高频振荡型最为常用。

27. 高频振荡型接近开关的工作原理是怎样的？

高频振荡型接近开关的工作原理框图如图 4-9 所示，其说明如下：①当有金属物体接近一个以一定频率稳定振荡的高频振荡器的感应头时，由于电磁感应，该物体内部产生涡流损耗，以致振荡回路等效电阻增大，能量损耗增加，使振荡减弱直至终止；②检测电路，根据振荡器的工作状态控制输出电路，使其输出信号去控制继电器或其他电器，从而达到控制目的。通常把接近开关刚好动作时感应头与检测体之间的距离称为检测距离。

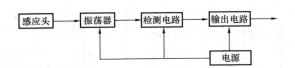

图 4-9 高频振荡型接近开关的工作原理框图

28. 接近开关的型号及含义是怎样的？

接近开关的型号及含义如图 4-10 所示。

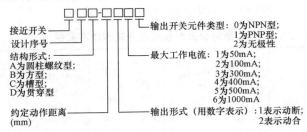

图 4-10 接近开关的型号及含义

例如，LJM18T-5Z/NK 表示电感式接近开关，外形为 M18圆柱形，T 为埋入式，5Z 表示直流型检测距离为 5mm，NK 表示 NPN 动合。

29. LJ 系列接近开关是怎样分类的？

LJ 系列接近开关分交流型和直流型两种类型。交流型为两线制，有动合式和动断式两种。直流型分为两线制、三线制和四线制，除四线制为双触点输出（含有一个动合触点和一个动断触点）外，其余均为单触点输出（含有一个动合触点或一个动断触点）。交流两线接近开关的外形和接线方式如图 4-11 所示。

30. LJ 系列交流两线接近开关的技术数据有哪些？

LJ 系列交流两线接近开关的技术数据见表 4-6。

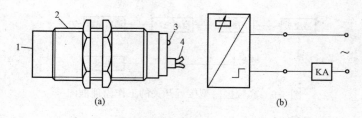

图 4-11　交流两线接近开关

(a) 外形；(b) 接线方式

1—感应面；2—圆柱螺纹型外壳；3—LED 指示灯；4—电缆

表 4-6　　　　　　　　LJ 系列交流两线接近开关的技术数据

型号	输出方式	额定电压AC(V)	输出电流(A)	断开漏电流(mA)	导通压降(V)	动作距离(mm)	回差(mm)	重复定位精度(mm)	开关频率(Hz)	动作指示LED	引线长度(m)
LJ18A-5/232	动合	220	200	≤3	≤9	5±0.5	≤1.0	0.05	20	有	2
LJ22A-6/232	动合	220	200	≤3	≤9	6±0.6	≤1.2	0.05	20	有	2
LJ26A-8/232	动合	220	200	≤3	≤9	8±0.8	≤1.6	0.10	20	有	2
LJ30A-10/232	动合	220	200	≤3	≤9	10±1.0	≤2.0	0.10	20	有	2
LJ36A-12/232	动合	220	200	≤3	≤9	12±1.2	≤2.4	0.15	20	有	2
LJ42A-15/232	动合	220	200	≤3	≤9	15±1.5	≤3.0	0.15	20	有	2
LJ48A-18/232	动合	220	200	≤3	≤9	18±1.8	≤3.6	0.15	20	有	2
LJ55A-20/232	动合	220	200	≤3	≤9	20±2.0	≤4.0	0.15	20	有	2
LJ24B-9/232	动合	220	200	≤3	≤9	9±0.9	≤1.8	0.10	20	有	2

31. 如何正确选用接近开关？

在一般的工业生产场所，通常都选用对环境要求条件较低的电感式接近开关和电容式接近开关。

(1) 当被测对象是导电体或可以固定在一块金属上的物体时，一般都选用电感式接近开关，因为它的回应频率高、抗环境干扰性能好、应用范围广、价格较低。

(2) 若被测对象是非金属（金属）、液位元高度、粉状物高度、塑胶、烟草等，则应选用电容式接近开关。电容式接近开关的回应频率低、稳定性好。

（3）若被测物为导磁材料或者为了区分和它一同运动的物体把磁钢埋在被测物体内时，应选用价格最低的霍尔接近开关。

（4）在环境条件比较好的无粉尘污染的场合，可采用光电接近开关。光电接近开关工作时，对被测物体几乎无任何影响，因此，在要求较高的传真机及烟草机械上被广泛地使用。

（5）在防盗系统中，自动门通常使用热释电接近开关、超声波接近开关、微波接近开关。

有时为了提高识别的可靠性，上述几种接近开关往往被复合使用。无论选用哪种接近开关，都应注意对工作电压、负载电流、回应频率、检测距离等各项指标的要求。

32. 万能转换开关有什么用途？

万能转换开关是由多组相同的触头组件叠装而成、控制多回路的主令电器，主要用于控制线路的转换及电气测量仪表的转换，也可用于控制小容量异步电动机的启动、换向及变速。由于其触头挡数多、换接线路多、用途广泛，因此被称为万能转换开关。

33. 常用万能转换开关的系列有哪些？

常用万用转换开关有 LW5、LW6、LW15 等系列。

34. 万能转换开关的结构和原理是怎样的？

LW5 系列万能转换开关的外形及凸轮通断触点示意分别如图 4-12（a）、图 4-12（b）所示。

万能转换开关的接触系统由许多接触元件组成，每一个接触元件均有一个胶木触头座，中间装有一个对或三对触头，分别由凸轮通过支架操作。操作时，手柄带动转轴和凸轮一起旋转，凸轮即可推动触头接通或断开，如图 4-12（b）所示。

由于凸轮的形状不同，当手柄处于不同的操作位置时，触头的分合情况也不同，从而达到换接电路的目的。

万能转换开关的图形符号如图 4-12（c）所示，图中"—∘ ∘—"代表一路触头，竖的虚线表示手柄位置。当手柄置于某一位置上时，就在处于接通状态的触头下方的虚线上标注黑点"·"来表示。触头的通断也可用如图 4-12（d）所示的触头分合来表示，其中"×"号表示触头闭合，空白表示触头分断。

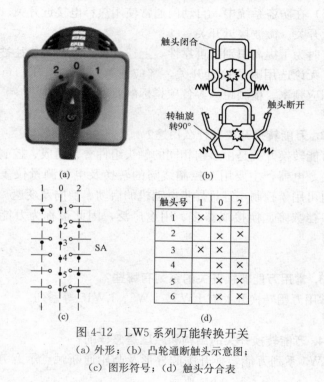

触头号	1	0	2
1	×	×	
2		×	×
3	×		
4			×
5	×		×
6		×	×

(d)

图 4-12　LW5 系列万能转换开关

(a) 外形；(b) 凸轮通断触头示意图；

(c) 图形符号；(d) 触头分合表

35. 万能转换开关的型号及含义是怎样的？

主令控制用万能转换开关的型号及含义如图 4-13 所示。

直接控制电动机用万能转换开关的型号及含义如图 4-14 所示。

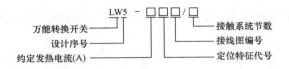

图 4-13 主令控制用万能转换开关的型号及含义

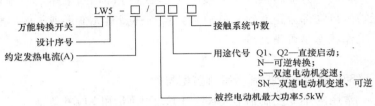

图 4-14 直接控制电动用万能转换开关的型号及含义

36. 如何正确选用万能转换开关?

万能转换开关主要根据用途、接线方式、所需触头挡数和额定电流来选择。

LW5 系列万能转换开关适用于交流频率 50Hz、额定电压至 500V 及以下,直流电压至 440 V 的电路中转换电气控制线路(电磁线圈、电气测量仪表和伺服电动机等),也可直接控制 5.5 kW 三相笼型异步电动机、可逆转换、变速等。

37. 如何正确安装和使用万能转换开关?

万能转换开关安装时的注意事项:

(1)万能转换开关的安装位置应与其他电器元件或机床的金属部件有一定间隙,以免在通断过程中因电弧喷出而发生对地短路故障。

(2)万能转换开关一般应水平安装在平板上,但也可以倾斜或垂直安装。

万能转换开关使用时的注意事项:

(1)万能转换开关的通断能力不高,当用来控制电动机时,LW5 系列万能转换开关只能控制 5.5 kW 以下的小容量电动机。

若用于控制电动机的正反转，则只能在电动机停止后才能反向启动。

（2）万能转换开关本身不带保护，使用时必须与其他保护电器配合使用。

（3）当万能转换开关有故障时，必须立即切断电路，检查有无妨碍可动部分正常转动的故障，检查弹簧有无变形或失效，触头工作状态是否正常等。

38. 常用主令控制器有哪些型号？

常用的主令控制器有 LK1、LK4、LK5 和 LK16 等。

39. 主令控制器是如何分类的？

主令控制器按操作方式分为手动的、带有减速机构的机械操作的和电动机驱动操作的三种形式，按结构形式分为凸轮调整式和凸轮非调整式两种。LK1、LK5、LK16 系列属于凸轮非调整式主令控制器，LK4 系列属于凸轮调整式主令控制器。

40. 主令控制器的外形、结构及原理是怎样的？

LK1 系列主令控制器的外形及结构如图 4-15 所示。所有的静触头都安装在绝缘板上，动触头则固定在能绕转动轴转动的支架上；凸轮鼓由多个凸轮块嵌装而成，凸轮块根据触头系统的开闭顺序制成不同角度的凸出轮缘，每个凸轮块控制两副触头。

当转动手柄时，方形转轴带动凸轮块转动，凸轮块的凸出部分压动小轮，使动触头离开静触头，分断电路；当转动手柄使小轮位于凸轮块的凹处时，在复位弹簧的作用下使动触头和静触头闭合，接通电路。可见，触头的闭合和分断顺序是由凸轮块的形状和控制的位置决定的。

41. 主令控制器的型号及含义是怎样的？

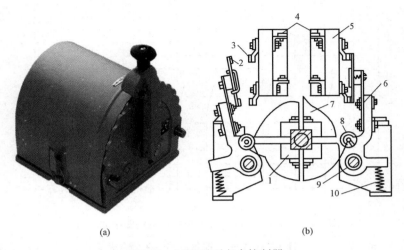

(a) (b)

图 4-15 LK1 系列主令控制器

（a）外形；（b）结构

1—方形转轴；2—动触头；3—静触头；4—接线柱；5—绝缘板

6—支架；7—凸轮块；8—小轮；9—转动轴；10—复位弹簧

主令控制器的型号及含义如图 4-16 所示。

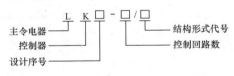

图 4-16 主令控制器的型号及含义

42. 主令控制器在电路图中的符号是怎样的?

LK1-12/90 型主令控制器在电路图中的符号如图 4-17
所示。

43. LK1-12/90 型主令控制器触头分合是怎样的?

LK1-12/90 型主令控制器的触头分合表见表 4-7。

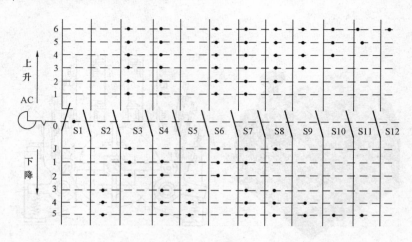

图 4-17　LK1-12/90 主令控制器在电路图中的符号

表 4-7　　　　　LK1-12/90 型主令控制器的触头分合表

触头	下降						零位	上升					
	5	4	3	2	1	J	0	1	2	3	4	5	6
S1							×						
S2	×	×	×										
S3				×	×	×		×	×	×	×	×	×
S4	×	×	×	×	×	×		×	×	×	×	×	×
S5	×												
S6				×	×	×		×	×	×	×	×	×
S7	×	×	×	×	×	×		×	×	×	×	×	×
S8	×	×	×			×			×	×	×	×	×
S9	×	×								×	×	×	×
S10											×	×	×
S11	×											×	×
S12	×												×

44. 选用主令控制器时应遵循哪些原则?

主令控制器的选用主要根据使用环境、所需控制的电路数、触头分合顺序等进行选择。

LK1 和 LK14 系列主令控制器的选用可参照表 4-8 的技术数据。

表 4-8　　LK1 和 LK14 系列主令控制器的主要技术数据

型　号	额定电压 (V)	额定电流 (A)	控制 电路数	接通 能力 (A)	分断能力 (A)
LK1-12/90 LK1-12/96 LK1-12/97	380	15	12	100	15
LK14-12/90 LK14-12/96 LK14-12/97	380	15	12	100	15

凸轮调整式主令控制器的触头系统分合顺序可随时按控制系统的要求进行编制及调整，不必更换凸轮片。

凸轮非调整式主令控制器的触头系统分合顺序只能按指定的触头分合表的要求进行，在使用中用户不能自行调整，若需调整必须更换凸轮片。

45. 如何正确安装和使用主令控制器？

主令控制器的安装注意事项：安装前应操作手柄不少于 5 次，检查动、静触头接触是否良好，有无卡阻现象，触头的分合顺序是否符合分合表的要求。

主令控制器的使用注意事项：

（1）主令控制器投入运行前，应使用 500～1000V 的绝缘电阻表测量其绝缘电阻，一般应大于 $0.5M\Omega$，同时根据接线图检查接线是否正确。

（2）主令控制器外壳上的接地螺栓应与接地网可靠连接。

（3）应注意定期清除控制器内的灰尘，所有活动部分应定期加润滑油。

（4）主令控制器不使用时，手柄应停在零位。

46. 主令控制器的常见故障及处理方法有哪些?

主令控制器的常见故障及处理方法见表 4-9。

表 4-9 　　　　　　主令控制器的常见故障及处理方法

故障现象	可能原因	处理方法
操作不灵活或有噪声	滚动轴承损坏或卡死	修理或更换轴承
	凸轮鼓或触头嵌入异物	取出异物,修复或更换凸轮鼓或触头
触头过热或烧毁	控制器容量过小	选取较大容量的主令控制器
	触头压力过小	调整或更换触头弹簧
	触头表面烧毛或有油污	修理或清洗触头
定位不准或分合顺序不对	凸轮片碎裂脱落或凸轮角度磨损变化	更换凸轮片

47. 凸轮控制器有什么作用?

凸轮控制器是利用凸轮来操作动触头动作的主令控制器,主要用于控制容量不大于 30kW 的中小型绕线转子异步电动机的启动、调速和换向,在桥式起重机等设备中有着广泛的应用。

48. 凸轮控制器是如何分类的?

凸轮控制器按操作方式分为手轮式、手柄式。

49. 凸轮控制器有什么特点?

(1) 触头结构采用积木式,双排布置,结构紧凑,装配方便。

(2) 采用新材料,凸轮片、面板、手轮均采用热塑性材料(聚碳酸酯、聚苯乙烯)等。

(3) 体积小、质量轻、操作力小、维修方便。

(4) 节约有色金属,减少机加工工作量。

50. 常用凸轮控制器有哪些系列?

常用的凸轮控制器有 KTJ1、KTJ15、KT10、KT14 及 KT15 等系列。

51. 凸轮控制器的结构和原理是怎样的?

KTJ1 系列凸轮控制器的外形和结构如图 4-18 所示。它主要由手轮（或手柄）、触头系统、转轴、凸轮和外壳等部分组成。其触头系统共有 12 对触头，即 9 对动合和 3 对动断。其中，4 对动合接在主电路中，用于控制电动机的正反转，配有由石棉水泥制成的灭弧罩。其余 8 对用于控制电路中，不带灭弧罩。

凸轮控制器的动触头与凸轮固定在转轴上，每个凸轮控制一个触头。转动手轮，凸轮随转轴转动。当凸轮的凸起部分顶住滚轮时，动触头与静触头分开；当凸轮的凹处与滚轮相碰时，动触头受到触头弹簧的作用压在静触头上，动、静触头闭合。在方轴上叠装形状不同的凸轮片，可使各个触头按预定的顺序闭合或断开，从而实现不同的控制目的。

凸轮控制器的触头分合情况，通常用触头分合表来表示。KTJ1-50/1 型凸轮控制器的触头分合表如图 4-19 所示。图中的上面两行表示手轮的 11 个位置，左侧表示凸轮控制器的 12 对触头。各触头在手轮处于某一位置时的接通状态用符号"×"标记，无此符号表示触头是分断的。

52. 凸轮控制器的型号及含义是怎样的?

凸轮控制器的型号及含义如图 4-20 所示。

53. 如何正确选用凸轮控制器?

凸轮控制器主要根据所控制电动机的容量、额定电压、额定电流、工作制和控制位置数目等来选择。

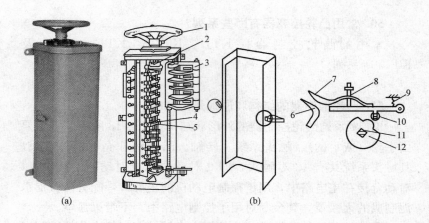

图 4-18　KTJ1 系列凸轮控制器的结构

（a）外形；（b）结构

1—手轮；2、11—转轴；3—灭弧罩；4、7—动触头；

5、6—静触头；8—触头弹簧；9—弹簧；10—滚轮；12—凸轮

54. KTJ1 系列凸轮控制器的技术数据有哪些?

KTJ1 系列凸轮控制器的技术数据见表 4-10。

表 4-10　　　KTJ1 系列凸轮控制器的技术数据

型号	位置数		额定电流（A）		额定控制功率（kW）		每小时操作次数（≤，次）	质量（kg）
	向前上升	向后下降	长期工作制	通电持续率在 40% 以下的工作制	220V	380V		
KTJ1-50/1	5	5	50	75	16	16		28
KTJ1-50/2	5	5	50	75	*	*		26
KTJ1-50/3	1	1	50	75	11	11		28
KTJ1-50/4	5	5	50	75	11	11		23
KTJ1-50/5	5	5	50	75	11	11		28
KTJ1-50/6	5	5	50	75	11	11		32
KTJ1-80/1	6	6	80	120	22	22	600	38
KTJ1-80/3	6	6	80	120	22	22		38
KTJ1-150/1	7	7	150	225	60	60		—

　*　无定子电路触点，其最大功率由定子电路中的接触器容量决定。

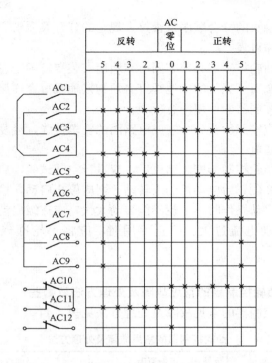

图 4-19 KTJ1-50/1 型凸轮控制器的触头分合表

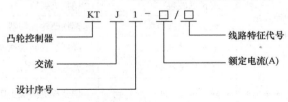

图 4-20 凸轮控制器的型号及含义

55. 如何正确安装和使用凸轮控制器?

凸轮控制器的安装注意事项:

(1) 凸轮控制器在安装前应检查外壳及零件有无损坏,并清除内部灰尘。

(2) 安装前应操作控制器手轮不少于 5 次,检查有无卡阻现象。检查触头的分合顺序是否符合规定的分合表要求，每一对触头是否动作可靠。

（3）凸轮控制器必须牢固可靠地用安装螺钉固定在墙壁或支架上，其金属外壳上的接地螺钉必须与接地线可靠连接。

凸轮控制器的使用注意事项：

（1）应按照触头分合表或电路图的要求接线，经复查确认无误后才能通电。

（2）凸轮控制器安装结束后，应进行空载试验。启动时，若手轮转到 2 位置后电动机仍未转动，则应停止启动，检查线路。

（3）启动操作时，手轮不能转动太快，应逐级启动，防止电动机的启动电流过大。停止使用时，应将手轮准确地停在 0 位置。

56. 凸轮控制器的常见故障及处理方法有哪些？

凸轮控制器的常见故障及处理方法见表 4-11。

表 4-11　　　　　　凸轮控制器的常见故障及处理方法

故障现象	可能原因	处理方法
主电路中动合主触头间短路	灭弧罩破裂	调换灭弧罩
	触头间绝缘损坏	调换凸轮控制器
	手轮转动过快	降低手轮转动速度
触头过热使触头支持件烧焦	触头接触不良	调整触头
	触头压力变小	调整或更换触头压力弹簧
	触头上的连接螺钉松动	旋紧螺钉
	触头容量过小	调换控制器
触头熔焊	触头弹簧脱落或断裂	调换触头弹簧
	触头脱落或磨光	更换触头
操作时有卡阻现象及噪声	滚动轴承损坏	调换轴承
	异物嵌入凸轮鼓或触头	清除异物

第五章

接 触 器 实 用 技 术

1. 接触器有什么用途?

接触器是一种自动的电磁式开关,优点是能实现远距离自动操作,具有欠电压和失电压自动释放保护功能,控制容量大、工作可靠、操作频率高、使用寿命长,适用于远距离频繁地接通和断开交流、直流主电路及大容量的控制电路。接触器的主要控制对象是电动机,也可以用于控制电热设备、电焊机以及电容器组等其他负载,在电力拖动和自动控制系统中得到了广泛应用。

2. 接触器是如何分类的?

接触器按主触点通过的电流种类,可分为交流接触器和直流接触器。

3. 交流接触器是如何分类的? 主要应用于哪些场所?

交流接触器按照一般的分类方法,大致有以下几种。

(1) 按主触点极数可分为单极、双极、三极、四极和五极接触器。单极接触器主要用于单相负载,如照明负载、电焊机等,在电动机能耗制动中也可采用;双极接触器用于绕线式异步电机的转子回路中,启动时用于短接启动绕组;三极接触器用于三相负载,在电动机的控制中及其他场所中使用最为广泛;四极接触器主要用于三相四线制的照明线路,也可用来控制双回路电动机负载;五极接触器用来组成自耦补偿启动器或控制双笼型电动机,用以变换绕组接法。

(2) 按灭弧介质可分为空气式接触器、真空式接触器等。依靠空气绝缘的接触器用于一般负载,而采用真空绝缘的接触器常用在煤矿、石油、化工企业及电压在 660V 和 1140V 等特殊的场所。

（3）按有无触点可分为有触点接触器和无触点接触器。常见的接触器多为有触点接触器，而无触点接触器属于电子技术应用的产物，一般采用晶闸管作为回路的通断元件。由于可控硅导通时所需的触发电压很小，而且回路通断时无火花产生，因而可用于高操作频率的设备和易燃、易爆、无噪声的场所。

（4）按触点的接触情况可分为点接触式、线接触式和面接触式。

（5）按触点的结构形式可分为桥式触点和指形触点两种。

4. 常用交流接触器有哪些型号？

交流接触器的种类很多，空气电磁式交流接触器应用最为广泛，其产品系列、品种最多，结构和工作原理基本相同。常用的有国产的 CJ10（CJT1）、CJ20 和 CJ40 等系列，以及引进国外先进技术生产的 CJX1（3TB 和 3TF）系列、CJX8（B）系列、CJX2 系列等。

5. 交流接触器的结构是怎样的？各部件作用是什么？

交流接触器主要由电磁系统、触点系统、灭弧装置和辅助部件等组成。CJ10-20 型交流接触器的外形及结构如图 5-1 所示。

（1）电磁系统。电磁系统主要由线圈、静铁芯和动铁芯（衔铁）三部分组成。静铁芯在下、动铁芯在上，线圈装在静铁芯上。铁芯是交流接触器发热的主要部件，静、动铁芯一般用 E 型硅钢片叠压而成，以减少铁芯的磁滞和涡流损耗，避免铁芯过热。但铁芯仍是交流接触器发热的主要部件，为了增大散热面积，又避免线圈与铁芯直接接触而受热烧毁，交流接触器的线圈一般做成粗而短的圆筒形，并且绕在绝缘骨架上，使铁芯和线圈之间有一定间隙，以增强铁芯的散热效果。另外，在 E 型铁芯的中柱端面留有 0.1～0.2 mm 的气隙，以减小剩磁影响，避免线圈断电后衔铁粘住不能释放。铁芯的两个端面上嵌有短路环，如图 5-1 所示，用以消除电磁系统的振动和噪声。

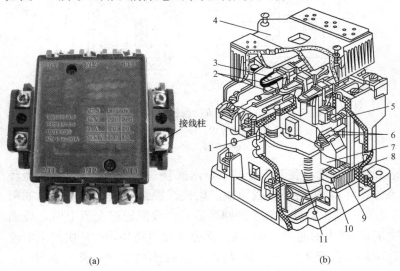

(a) (b)

图 5-1　CJ10-20 型交流接触器

(a) 外形；(b) 结构

1—反作用弹簧；2—主触点；3—触点压力弹簧 ；4—灭弧罩；

5—辅助动断触点；6—辅助动合触点；7—动铁芯；8—缓冲

弹簧；9—短路环；10—静铁芯；11—线圈

　　交流接触器利用电磁系统中线圈的通电或断电，使静铁芯吸合或释放动铁芯（衔铁），从而带动动触点与静触点闭合或分断，实现电路的接通或断开。

　　CJ10 系列交流接触器的衔铁运动方式有两种，对于额定电流为 60A 以下的接触器，电磁系统采用衔铁直线运动的螺管式，如图 5-2（a）所示；对于额定电流为 60 A 及以上的接触器，电磁系统采用衔铁绕轴转动的拍合式，如图 5-2（b）所示。

　　交流接触器在运行过程中，线圈中通入的交流电在铁芯中产生交变的磁通，因而铁芯与衔铁的吸力也是变化的，这会使衔铁产生振动，发出噪声。为了消除这一现象，在交流接触器的铁

79

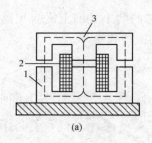 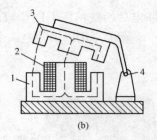

(a)　　　　　　　　　　　　(b)

图 5-2　CJ10 系列交流接触器电磁系统结构图

(a) 衔铁直线运动的螺管式；(b) 衔铁绕轴转动的拍合式

1—铁芯；2—线圈；3—衔铁；4—轴

芯和衔铁的端部各开一个槽，槽内嵌装一个短路环（又称减振环或分磁环），短路环一般用铜、康铜或镍铬合金材料制成，如图 5-3 (a) 所示。铁芯装上短路环后，当线圈通过交流电时，线圈电流 I_1 产生磁通 Φ_1，Φ_1 的一部分穿过短路环，在环中产生电流 I_2，I_2 又会产生一个磁通 Φ_2，由电磁感应定律可知，Φ_1 和 Φ_2 的相位不同，即 Φ_1 和 Φ_2 不同时为零，则由 Φ_1 和 Φ_2 产生的电磁吸力 F_1 和 F_2 也不同时为零，如图 5-3 (b) 所示，这就保证了铁芯与衔铁在任何时刻都有吸力，衔铁将始终被吸住，振动和噪声会显著减小。

(2) 触点系统。交流接触器的触点按通断能力可分为主触点和辅助触点，如图 5-1 所示。主触点用以通断电流较大的主电路，一般由三对动合触点组成。辅助触点用以通断电流较小的控制电路，一般由两对动合触点和两对动断触点组成。触点的动合和动断是指电磁系统未通电动作前触点的状态。动合触点和动断触点是联动的。当线圈通电时，动断触点先断开，动合触点随后闭合，中间有一个很短的时间差；当线圈断电后，动合触点先恢复断开，随后动断触点恢复闭合，中间也存在一个很短的时间差。时间差虽短，但对分析线路的控制原理却很重要。

交流接触器的触点按接触情况可分为点接触式、线接触式和面接触式三种，如图 5-4 所示。

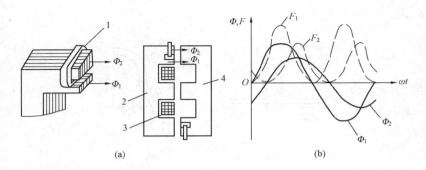

图 5-3 加短路环后的磁通和电磁吸力图

（a）磁通示意图；（b）电磁吸力图

1—短路环；2—铁芯；3—线圈；4—衔铁

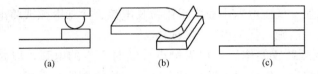

图 5-4 触点的三种接触形式

（a）点接触；（b）线接触；（c）面接触

按触点的结构形式可分为桥式触点和指形触点两种，如图 5-5 所示。CJ10 系列交流接触器的触点一般采用双断点桥式触点，其动触点用紫铜片冲压而成，在触点桥的两端镶有银基合金制成的触点块，以避免接触点由于产生氧化铜而影响其导电性能。静触点一般用黄铜板冲压而成，一端镶焊银基合金触点块，另一端为接线柱。在触点上装有压力弹簧片，用以减小接触电阻及消除开始接触时产生的有害振动。

（3）灭弧装置。交流接触器在断开大电流或高电压电路时，会在动、静触点之间产生很强的电弧。电弧是触点间气体在强电场作用下产生的游离放电现象，它一方面会灼伤触点，减少触点的使用寿命；另一方面会使电路切断时间延长，甚至造成弧光短路或引起火灾事故。因此，触点间的电弧应尽快熄灭。实践证明，触点开合过程中的电压越高、电流越大、弧区温度越高，电

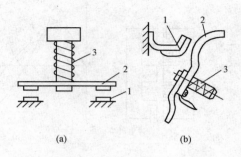

图 5-5　触点的结构形式

（a）双断点桥式触点；（b）指形触点

1—静触点；2—动触点；3—触点压力弹簧

弧就越强。低压电器中通常采用拉长电弧、冷却电弧或将电弧分成多段等措施，促使电弧尽快熄灭。

灭弧装置的作用是熄灭触点分断时产生的电弧，以减轻对触点的灼伤，保证可靠的分断电路。交流接触器常采用的灭弧装置有双断口结构的电动力灭弧装置、纵缝灭弧装置和栅片灭弧装置，如图 5-6 所示。对于容量较小的交流接触器，如 CJ10-10 型，一般采用双断口结构的电动力灭弧装置；CJ10 系列交流接触器额定电流在 20 A 及以上的，常采用纵缝灭弧装置灭弧；对于容量较大的交流接触器，多采用栅片来灭弧。

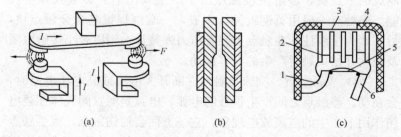

图 5-6　常用的灭弧装置

（a）双断口结构的电动力灭弧装置；（b）纵缝灭弧装置；（c）栅片灭弧装置

1—静触点；2—短电弧；3—灭弧栅片；4—灭弧罩；5—电弧；6—动触点

1）双断口电动力灭弧。这种灭弧方法是将整个电弧分割成两段，同时利用触点回路本身的电动力 F 把电弧向两侧拉长，使电弧热量在拉长的过程中散发、冷却而熄灭。容量较小的交流接触器（如，CJ10—10 型等）多采用这种方法灭弧。

2）纵缝灭弧。由耐弧陶土、石棉水泥等材料制成的灭弧罩内每相有一个或多个纵缝，缝的下部较宽以便放置触点；缝的上部较窄，以便压缩电弧，使电弧与灭弧室壁有很好的接触。当触点分断时，电弧被外磁场或电动力吹入缝内，其热量传递给室壁，电弧被迅速冷却熄灭。额定电流在 20A 及以上的 CJ10 系列交流接触器均采用这种方式灭弧。

3）栅片灭弧。金属栅片由镀铜或镀锌铁片制成，一般为人字形，栅片插在灭弧罩内，各片之间互相绝缘。当动触点与静触点分断时，在触点间产生电弧，电弧电流在其周围产生磁场。由于金属栅片的磁阻远小于空气的磁阻，因此电弧上部的磁通容易通过金属栅片而形成闭合磁路，这就造成了电弧周围空气中的磁场上疏下密。这一磁场对电弧产生向上的作用力，将电弧拉到栅片间隙中，栅片将电弧分割成若干个串联的短电弧。每个栅片成为短电弧的电极，将总电弧压降分成几段，栅片间的电弧电压都低于燃弧电压，同时栅片将电弧的热量吸收并散发，使电弧迅速冷却，促使电弧尽快熄灭。容量较大的交流接触器多采用这种方法灭弧，如 CJ0-40 型交流接触器。

（4）辅助部件。交流接触器的辅助部件有反作用弹簧、缓冲弹簧、触点压力弹簧、传动机构及底座、接线柱等，如图 5-1 所示。

1）反作用弹簧安装在动铁芯和线圈之间，其作用是线圈断电后，推动衔铁释放，使各触点恢复原状态。

2）缓冲弹簧安装在静铁芯和线圈之间，其作用是缓冲衔铁在吸合时对静铁芯对外壳的冲击力，保护外壳。

3）触点压力弹簧安装在动触点上面，其作用是增加动、静触点间的压力，从而增大接触面积，以减少接触电阻，防止触点过热灼伤。

4）传动机构的作用是在动铁芯（衔铁）或反作用弹簧的作用下，带动动触点实现与静触点的接通或分断。

6. 交流接触器的工作原理是怎样的?

下面以 CJ10 系列为例说明交流接触器的工作原理，其工作原理图如图 5-7 所示。当接触器的线圈通电后，线圈中流过的电流产生磁场，使铁芯产生足够大的吸力，克服反作用弹簧的反作用力，将衔铁吸合，通过传动机构带动三对主触点和辅助动合触点闭合，辅助动断触点断开。当接触器线圈断电或电压显著下降时，由于电磁吸力消失或过小，衔铁在反作用弹簧力的作用下复位，带动各触点恢复到原始状态。

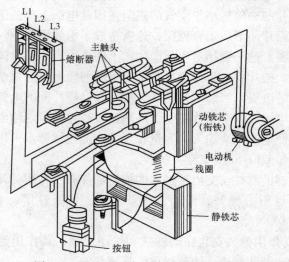

图 5-7　CJ10 系列交流接触器的工作原理图

7. 交流接触器的型号及含义是怎样的?

交流接触器的型号及含义如图 5-8 所示。

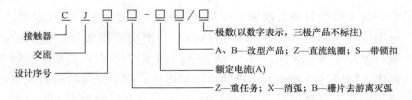

图 5-8　交流接触器的型号及含义

8. 交流接触器的图形符号是怎样的?

交流接触器的图形符号如图 5-9 所示。

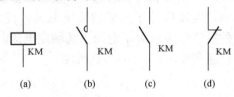

图 5-9　交流接触器的图形符号

（a）线圈；（b）主动合触点；（c）辅助动合触点；（d）辅助动断触点

9. CJ10 系列交流接触器有哪些特点?

CJ10 系列交流接触器在 $0.85\sim1.05$ 倍的额定电压下，能保证可靠吸合。电压过高，磁路趋于饱和，线圈电流会显著增大；电压过低，电磁吸力不足，衔铁吸合不上，线圈电流会达到额定电流的十几倍。因此，电压过高或过低都会造成线圈过热而烧毁。

10. 如何正确选择接触器?

（1）选择接触器的类型。根据接触器所控制的负载性质选择接触器的类型，通常交流负载选用交流接触器，直流负载选用直流接触器。如果控制系统中主要是交流负载，而直流负载容量较小时，也可用交流接触器控制直流负载，但触点的额定电流应适当选大一些。

交流接触器按负载种类一般分为一类、二类、三类和四类，分别记为 AC1、AC2、AC3 和 AC4。一类交流接触器对应的控制对象是无感或微感负载，如白炽灯、电阻炉等；二类交流接触器用于绕线转子异步电动机的启动和停止；三类交流接触器的典型用途是笼型异步电动机的运转和运行中分断；四类交流接触器用于笼型异步电动机的启动、反接制动、反转和点动。

（2）选择接触器主触点的额定电压。接触器主触点的额定电压应大于或等于所控制线路的额定电压。

（3）选择接触器主触点的额定电流。接触器控制电阻性负载时，主触点的额定电流应等于负载的额定电流；控制电动机时，接触器主触点的额定电流应大于电动机的额定电流。或按下列经验公式计算（仅适用于 CJ0、CJ10 系列）：

$$I_C = \frac{P_N \times 10^3}{K U_N}$$

式中　　K——经验系数，一般取 $1 \sim 1.4$；

　　　　P_N——被控制电动机的额定功率，kW；

　　　　U_N——被控制电动机的额定电压，V；

　　　　I_C——接触器主触点电流，A。

接触器若用在频繁启动、制动及正反转的场所，应将接触器主触点的额定电流降低一个等级使用。

（4）选择接触器吸引线圈的额定电压。当控制线路简单、使用电器较少时，可直接选用 380 V 或 220 V 的电压。若线路较复杂、使用电器的个数超过 5 只时，从人身和设备的安全考虑，要选用电压低一些的吸引线圈，可选用 36 V 或 110 V 电压的线圈，以保证安全。

（5）选择接触器触点的数量和种类。接触器的触点数量和种类应满足控制线路的要求。常用 CJ0、CJ10 系列和 CJ20 系列交流接触器的技术数据分别见表 5-1 和表 5-2。常用 CZ0 系列直流接触器的技术数据见表 5-3。

表 5-1　　　　CJ0、CJ10 系列交流接触器的技术数据

型号	触点额定电压（V）	主触点		辅助触点		线圈		可控制三相异步电动机的最大功率（kW）		额定操作频率（次/h）
		额定电流（A）	对数	额定电流（A）	对数	电压（V）	功率（W）	220V	380V	
CJ0—10	380	10	3	5	2动合、2动断	可为36、110（127）、220、380	14	2.5	4	≤1200
CJ0—20		20					33	5.5	10	
CJ0—40		40					33	11	20	
CJ0—75		75					55	22	40	
CJ10—10		10					11	2.2	4	≤600
CJ10—20		20					22	5.5	10	
CJ10—40		40					32	11	20	
CJ10—60		60					70	17	30	

表 5-2　　　　CJ20 系列交流接触器的技术数据

型号	级数	额定工作电压 U_N（V）	约定发热电流 I_{th}（A）	额定工作电流 I_N（A）	额定操作频率（次/h）	机械寿命（万次）	辅助触点	
							约定发热电流 I_{th}（A）	触点组合
CJ20-10	3	220	10	10	1200	1000	10	2动合2动断
		380		10	1200			
		660		5.8	600			
CJ20-16		220	16	16	1200			
		380		16	1200			
		660		13	600			
CJ20-25		220	32	25	1200			
		380		25	1200			
		660		16	600			
CJ20-40		220	55	40	1200			
		380		40	1200			
		660		25	600			
CJ20-63		220	80	63	1200			
		380		63	1200			
		660		40	600			
CJ20-100		220	125	100	1200			
		380		100	1200			
		660		63	600			

型号	级数	额定工作电压 U_N (V)	约定发热电流 I_{th} (A)	额定工作电流 I_N (A)	额定操作频率 (次/h)	机械寿命 (万次)	辅助触点 约定发热电流 I_{th} (A)	触点组合
CJ20-160	3	220	200	160	1200	1000	10	2动合 2动断
		380		160	1200			
		660		100	600			
CJ20-160/11		1140	200	80	300			

表 5-3　　　　　　　　CZ0 系列直流接触器的技术数据

型号	额定电压 (V)	额定电流 (A)	额定操作频率 (次/h)	主触点形式及数目 动合	主触点形式及数目 动断	辅助触点形式及数目 动合	辅助触点形式及数目 动断	最大分断电流 (A)	吸引线圈电压 (V)	吸引线圈消耗功率 (W)
CZ0-40/20	440	40	1200	2	0	2	2	160	可为 24、48、110、220、440	22
CZ0-40/02		40	600	0	2	2	2	100		24
CZ0-100/10		100	1200	1	0	2	2	400		24
CZ0-100/01		10	600	0	1	2	1	250		180/24
CZ0-100/20		100	1200	2	0	2	2	400		30
CZ0-150/10		150	1200	1	0	2	2	600		30
CZ0-150/01		150	600	0	1	2	1	375		300/25
CZ0-150/20		150	1200	2	0	2	2	600		40
CZ0-250/10		250	600	1	0	可以在 5 动合、1 动断与 5 动断、1 动合之间任意组合		1000		230/31
CZ0-250/20		250	600	2	0			1000		290/40
CZ0-400/10		400	600	1	0			1600		350/28
CZ0-400/20		400	600	2	0			1600		430/43
CZ0-600/10		600	600	1	0			2400		320/50

11. CJ10 系列交流接触器的触点有哪些技术数据？

CJ10 系列交流接触器的触点技术数据见表 5-4。

表 5-4　　　　　　CJ10 系列交流接触器的触点技术数据

型号	主触点				辅助触点					
	开距 (mm)	超程 (mm)	初压力 (N)	终压力 (N)	开距（mm）动合	开距（mm）动断	超程（mm）动合	超程（mm）动断	初压力 (N)	终压力 (N)
CJ10-5	3～3.3	1.6～2.2	1.1～1.3	1.35～1.6	3～3.3		1.6～2.2		1.1～1.3	1.35～1.6
CJ10-10	3.4～4.1	1.8～2.2	1.6～2.0	2.0～2.4	3.9～4.6	3.0～4.6	1.3～1.7	1.8～2.6		1.17～1.43
CJ10-20	3.9～4.6	2.0～2.4	3.6～4.4	4.5～5.1	4.4～5.1	3.7～4.4	1.5～1.9	2.0～2.8		1.08～1.4
CJ10-40	4.4～5.1	2.3～2.7	7.2～8.8	8.55～10.45	4.9～5.6	4.3～5.0	1.72～2.3	2.2～3.0		1.08～1.32
CJ10-60	4.5～5.0	2.8～3.3	13～16	16～20						
CJ10-100	5.0～5.5	2.7～3.3	20～24	24～30	3.0～3.6		1.8～2.6		1.04～1.28	1.44～1.76
CJ10-150	5.5～6.0	3.2～3.8	27～33	30～38						

12. 接触器在安装前及安装时分别应注意哪些事项？

（1）安装前应注意下列事项：

1）检查接触器铭牌与线圈的技术数据（如额定电压、额定电流、操作频率等）是否符合实际使用要求。

2）检查接触器外观，应无机械损伤；用手推动接触器可动部分时，接触器应动作灵活，无卡阻现象；灭弧罩应完整无损，固定牢固。

3）将铁芯极面上的防锈油脂或粘在极面上的铁垢用煤油擦净，以免多次使用后衔铁被粘住，造成断电后不能释放。

4）测量接触器的线圈电阻和绝缘电阻，所测数值应在规定的范围值之内。

（2）安装时应注意下列事项：

1）交流接触器一般应安装在垂直面上，倾斜度不得超过5°；若有散热孔，则应将有孔的一面放在垂直方向上，方便散热，并按规定留有适当的飞弧空间，以免飞弧烧坏相邻电器。

2）安装和接线时，注意不要将零件掉入接触器内部。安装孔的螺钉应装有弹簧垫圈和平垫圈，并拧紧螺钉以防振动松脱。

3）安装完毕，检查接线正确无误后，在主触点不带电的情况下操作几次，然后测量产品的动作值和释放值，所测数值应符合产品的规定要求。

13. 对交流接触器应做好哪些日常维护？

（1）应对接触器做定期检查，观察螺钉有无松动，可动部分是否灵活等。

（2）接触器的触点应定期清扫，保持清洁，但不允许涂油。当触点表面因电灼作用形成金属小颗粒时，应及时清除。

（3）拆装时注意不要损坏灭弧罩。带灭弧罩的接触器绝不允许不带灭弧罩或带破损的灭弧罩运行，以免发生电弧短路故障。

14. 交流接触器的触点有哪些常见故障？

交流接触器的主触点在工作时往往需要频繁地接通和断开大电流电路，因此主触点是较容易损坏的部件；而辅助触点因流过的电流较小，所以一般不会出现故障，但有故障时的修理与主触点的修理是一样的。交流接触器触点的常见故障一般有触点过热、触点磨损和主触点熔焊等。

15. 交流接触器触点过热的原因哪些？如何修理？

动、静触点之间存在着接触电阻，有电流通过时便会发热，正常情况下触点的温升不会超过允许值。但当动、静触点之间的接触电阻通过的电流过大或接触电阻过大时，触点便会发热严重，使触点温度超过允许值，造成触点特性变坏，甚至产生触点熔焊。

（1）通过动、静触点之间的电流过大。交流接触器在运行过程中，触点通过的电流必须小于其额定电流，否则会造成触点过热。触点电流过大的原因主要有系统电压过高或过低，用电设备超负载运行，触点容量选择不当和故障运行。

（2）动、静触点间接触电阻过大。接触电阻是触点的一个重要参数，其大小关系到触点的发热程度。

造成触点间接触电阻增大的原因有触点压力不足和触点表面接触不良。

1）触点压力不足。不同规格和结构形式的接触器，其触点压力的值是不同的。对同一规格的接触器而言，一般是触点压力越大，接触电阻越小。触点压力弹簧受到机械损伤或电弧高温的影响而失去弹性，触点长期磨损变薄等都会导致触点压力减小、接触电阻增大。遇此情况，首先应调整压力弹簧，若经调整后压力仍达不到标准要求，则应更换新触点。

2）触点表面接触不良。造成触点表面接触不良的原因主要有：油污和灰尘在触点表面形成一层电阻层；铜质触点表面氧化；触点表面被电弧灼伤、烧毛，使接触面积减小等。

对触点表面的油污，可用煤油或四氯化碳清洗；铜质触点表面的氧化膜应用小刀轻轻刮去，但对银或银基合金表面的氧化膜可不做处理，因为银氧化膜的导电性能与纯银相差不大，不影响触点的接触性能。对电弧灼伤的触点，应用刮刀或细锉修整。对于大、中电流的触点表面，不要求修整的过分光滑，过分光滑会使接触面减小，接触电阻反而增大。

维修人员在修整触点时，不应刮削或锉削太严重，以免影响触点的使用寿命。更不允许用纱布或砂轮修磨，因为在修磨触点时纱布或砂轮会使砂粒嵌在触点表面，反而导致接触电阻增大。

16. 交流接触器触点磨损的原因有哪些？如何修理？

触点在使用过程中，会越用越薄，这就是触点磨损。触点磨损有两种原因：①电磨损，是由于触点间电弧或电火花的高温使触点金属气化所造成的；②机械磨损，是由于触点闭合时的撞击及触点接触面的相对滑动摩擦等造成的。

一般当触点磨损超过原厚度的 1/2 时，应更换新触点。若磨损过快，应查明原因，排除故障。

17. 接触器触点熔焊的原因有哪些？如何修理？

动、静触点接触面熔化后焊在一起不能分断的现象，称为触点熔焊。当触点闭合时，由于撞击和产生振动，在动、静触点的小间隙中产生短电弧，电弧产生的高温（可达 3000～6000℃）使触点表面被灼伤甚至烧熔，熔化的金属冷却后便将动、静触点焊在一起。发生触点熔焊的常见原因有：接触器容量选择不当，使负载电流超过触点容量；触点压力弹簧损坏使触点压力过小；因线路过载使触点闭合时通过的电流过大等。实验证明，当触点通过的电流为其额定电流的 10 倍以上时，将使触点熔焊。触点熔焊后，只有更换新触点，才能消除故障。如果因为触点容量不够而产生熔焊，则应选用容量较大的接触器。

18. 接触器触点初压力、终压力的测定及调整的内容有哪些？

触点的初压力是指动、静触点刚接触时触点承受的压力。初压力来源于触点弹簧的预压缩量，它可使触点减少振动，避免触点熔焊及减轻烧蚀程度。

触点的终压力是指触点完全闭合后作用于触点上的压力。终压力由触点弹簧的最终压缩量决定，它可使触点处于闭合状态时的接触电阻保持较低的值。

接触器经长期使用后，由于触点弹簧弹力减小或触点磨损等原因，会引起触点压力减小，接触电阻增大，此时应调整触点弹簧的压力，使初压力和终压力达到规定的值。

触点的结构参数可通过专业技术手册或产品说明书查找，CJ10 系列交流接触器的触点技术数据见表 5-4。

用弹簧秤可准确地测定触点的初压力和终压力，其方法如图 5-10 所示。

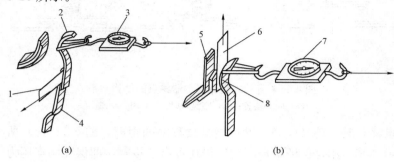

图 5-10　触点初压力和终压力的测定

（a）初压力测定；（b）终压力测定

1、6—纸条；2、8—动触点；3、7—弹簧秤；4—支架；5—静触点

将纸条或单纱线放在触点间或触点与支架间，一手拉弹簧秤，另一手轻轻拉纸条或单纱线，纸条或单纱线可以拉出时，弹簧秤上的力即为所测的力，如果测得的值与计算值不符，或超出产品目录上所规定的范围，可调整触点弹簧。若触点弹簧损坏，可更换新弹簧或按原尺寸自制弹簧。

在调整时如果没有弹簧秤，对于触点压力的测试可用纸条凭经验来测定。将一条比触点略宽的纸条夹在动、静触点之间，并使触点处于闭合状态，然后用手拉纸条，一般小容量接触器稍用力即可拉出。对于较大容量的接触器，纸条拉出后有撕裂现象，出现这种情况时，一般认为触点压力合适；若纸条很容易拉出，说明触点压力不够；若纸条被拉断，则说明触点压力太大。

19. 交流接触器触点开距和超距的调整有哪些内容？

触点开距 e 是指触点处于完全断开位置时，动、静触点之间的最短距离，如图 5-11（a）所示，其作用是保证触点断开之后有必要的安全绝缘间隔。

超程 c 是指接触器触点完全闭合后，假设将静（或动）触

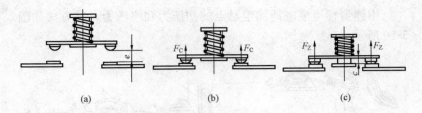

图 5-11　直动式交流接触器触点的结构参数
(a) 断开位置；(b) 刚接触时；(c) 闭合状态

点移开时，动（或静）触点能继续移动的距离，图 5-11（c）所示，其作用是保证触点磨损后仍能可靠地接触，即保证触点压力的最小值。当超程不符合规定时，应更换新触点。

接触器经拆卸或更换零部件后，应对触点的开距和超程等进行调整，使其符合要求。图 5-11 所示的直动式交流接触器，其触点的开距 e 与超程 c 之和等于铁芯的行程 s。对这种接触器，只需卸下底板，增减铁芯底端的衬垫即可改变铁芯的行程，从而改变触点的超程。

20. 交流接触器电磁系统有哪些常见故障？

交流接触器电磁系统的故障主要有铁芯噪声大、衔铁吸不上、衔铁不释放及线圈有故障等。

21. 交流接触器铁芯噪声大的原因有哪些？如何修理？

交流接触器的电磁系统在运行中发出轻微的嗡嗡声是正常的，若声音过大或异常，可判定电磁系统发生故障，主要有以下几个方面：

（1）衔铁与铁芯的接触面接触不良或衔铁歪斜。衔铁与铁芯经多次碰撞后，使接触面磨损或变形，或接触面上有锈垢、油污、灰尘等，都会造成接触面接触不良，导致吸合时产生振动和噪声，使铁芯加速损坏，同时会使线圈过热，严重时甚至会烧毁线圈。

如果振动由铁芯端面上的油垢引起，应拆下铁芯进行清洗。

如果是由铁芯端面变形或磨损引起，可用细砂布平铺在平板上，来回推动铁芯将端面修平整。对 E 型铁芯，维修中应注意铁芯中柱接触面间要留有 0.1～0.2mm 的防剩磁间隙。

（2）短路环损坏。交流接触器在运行过程中，铁芯经多次碰撞后，嵌装在铁芯端面内的短路环有可能断裂或脱落，此时铁芯产生强烈的振动，发出较大噪声。短路环断裂多发生在槽外的转角和槽口部分，维修时可将断裂处焊牢或照原样重新更换一个，并用环氧树脂加固。

（3）机械方面的原因。如果触点压力过大或因活动部分受到卡阻，使衔铁和铁芯不能完全吸合，都会产生较强的振动和噪声，出现这种情况应及时调整和修理，避免事故扩大。

22. 交流接触器衔铁不能吸合的原因有哪些？

当交流接触器的线圈接通电源后，衔铁不能被铁芯吸合，应立即断开电源，以免线圈被烧毁。

衔铁不能吸合的原因主要有：①线圈引出线的连接处脱落，线圈断线或烧毁；②电源电压过低或接触器活动部分卡阻。若线圈通电后衔铁没有振动和发出噪声，多属第一种原因；若衔铁有振动和发出噪声，多属第二种原因。

23. 交流接触器衔铁不能释放的原因有哪些？

当交流接触器线圈断电后，衔铁不释放，此时应立即断开电源开关，以免发生意外事故。

衔铁不能释放的原因主要有：①触点熔焊；②机械部分卡阻；③反作用弹簧损坏；④铁芯端面有油垢；⑤E 型铁芯的防剩磁间隙过小导致剩磁增大等。

24. 交流接触器线圈产生故障的原因有哪些？如何修理？

交流接触器线圈的主要故障是由于所通过的电流过大导致线圈过热甚至烧毁。线圈电流过大的主要原因如下：

（1）线圈匝间短路。由于线圈绝缘损坏或受机械损伤，形成匝间短路或局部对地短路，在线圈中会产生很大的短路电流，产生热量将线圈烧毁。

（2）铁芯与衔铁闭合时有间隙。交流接触器线圈两端电压一定时，它的阻抗越大，通过的电流越小。当衔铁在分开位置时，线圈阻抗最小，通过的电流最大。铁芯在吸合过程中，衔铁与铁芯的间隙逐渐减小，线圈的阻抗逐渐增大，当衔铁完全吸合后，线圈阻抗最大，电流最小。因此，如果衔铁与铁芯间不能完全吸合或接触不紧密，会使线圈电流增大，导致线圈过热以致烧毁。

从上面的分析可知，对交流接触器而言，衔铁每闭合一次，线圈就要遭受一次大电流冲击，如果操作频率过高，线圈会在大电流的连续冲击下造成过热，甚至烧毁。

（3）线圈两端电压过高或过低。交流接触器的线圈电压过高会使电流增大，甚至超过额定值；线圈电压过低，会造成衔铁吸合不紧密而产生振动，严重时衔铁不能吸合，电流剧增使线圈烧毁。

线圈烧毁后，一般应重新绕制。如果短路的匝数不多，短路又在靠近线圈的端部，而其余部分完好无损，则可拆去已损坏的几圈，其余的可继续使用。

线圈需要重绕时，可从铭牌上或手册上查出线圈的匝数和线径，也可从烧毁的线圈中测得匝数和线径，线圈绕好后，先放入 $105 \sim 110 \, \text{℃}$ 的烘箱中预烘 3h，冷却至 $60 \sim 70 \, \text{℃}$ 后，浸渍绝缘漆，滴尽余漆后放入 $110 \sim 120 \, \text{℃}$ 的烘箱中烘干，冷却到常温即可使用。

25. 直流接触器有什么用途？

直流接触器主要用于远距离接通和分断额定电压 440V、额定电流 1600A 以下的直流电力线路，并适用于直流电动机的频繁启动、停止、换向及反接制动。

26. 直流接触器有哪些类型？CZ0 系列接触器有什么特点？

常用的直流接触器有 CZ0、CZ17、CZ18、CZ21 等多个系列，其中，CZ0 系列具有结构紧凑、体积小、质量轻、维护检修方便和零部件通用性强等优点，得到了广泛的应用。

27. 直流接触器的型号及含义是怎样的?

直流接触器的型号及含义如图 5-12 所示。

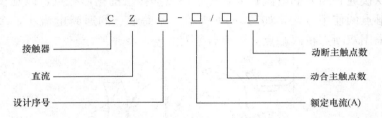

图 5-12　直流接触器的型号及含义

28. 直流接触器的结构是怎样的? 各部件有什么作用?

直流接触器主要由电磁系统、触点系统和灭弧装置三大部分组成，其结构如图 5-13 所示。

（1）电磁系统。直流接触器的电磁系统由线圈、铁芯、反作用弹簧和衔铁组成，且电磁系统采用衔铁绕棱角转动的拍合式。由于线圈中通过的是直流电，铁芯中不会产生涡流和磁滞损耗而发热，因此铁芯可用整块铸钢或铸铁制成，铁芯端面也不需要嵌装短路环。但在磁路中常垫有非磁性垫片，以减少剩磁的影响，保证线圈断电后衔铁能可靠释放。另外，直流接触器线圈的匝数比交流

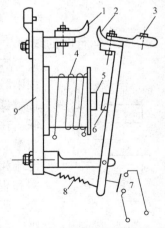

图 5-13　直流接触器的结构示意图

1—静触点；2—动触点；3—接线柱；
4—线圈；5—铁芯；6—衔铁；7—辅助
触点；8—反作用弹簧；9—底板

97

接触器多、电阻值大、铜损大，所以接触器发热以线圈本身发热为主。为了使线圈散热良好，常常将线圈做成长又薄的圆筒形，且不设骨架，使线圈与铁芯之间的距离很小，以借助铁芯来散发部分热量。

（2）触点系统。直流接触器触点也有主、辅之分。由于主触点接通和断开的电流较大，多采用滚动接触的指形触点，以延长触点的使用寿命，如图 5-14 所示。辅助触点的通断电流小，多采用双断点桥式触点，可有若干对。

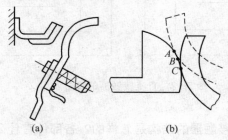

(a)   (b)

图 5-14　滚动接触的指形触点

（a）结构；（b）触点接触过程示意图

为了减小运行时的线圈功率损耗及延长吸引线圈的使用寿

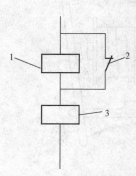

图 5-15　直流接触器串联
双绕组线圈接线图

1—保持线圈；2—动断辅助
触点；3—启动线圈

命，容量较大的直流接触器线圈往往采用串联双绕组，其接线如图 5-15 所示。接触器的一个动断触点与保持线圈并联。在电路刚接通瞬间，保持线圈被动断触点短路，可使启动线圈获得较大的电流和吸力。当接触器动作后，启动线圈和保持线圈串联通电，由于电压不变，所以电流较小，但仍可保持衔铁被吸合，从而达到省电的目的。

（3）灭弧装置。直流接触器的主触点在分断较大直流电流时，会产生强烈的电弧，因而必须设置灭弧装置以迅速熄灭电弧。

　　对开关电器而言，采用何种灭弧装置取决于电弧的性质。交流接触器触点间产生的电弧在电流过零时能自然熄灭，而直流电弧不像交流电弧那样有自然过零点，因此在同样的电气参数下，熄灭直流电弧比熄灭交流电弧要困难。直流灭弧装置比交流灭弧装置复杂的多，直流接触器一般采用磁吹式灭弧装置结合其他方法灭弧。

29. 磁吹式灭弧装置的结构和工作原理是怎样的？

　　磁吹式灭弧装置主要由磁吹线圈、铁芯、两块导磁夹板、灭弧罩和引弧角等部分组成，其结构如图 5-16 所示。

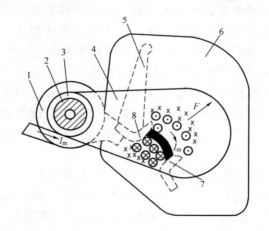

图 5-16　磁吹式灭弧装置结构示意图
1—磁吹线圈；2—铁芯；3—绝缘套筒；4—导磁夹板；
5—引弧角；6—灭弧罩；7—动触点；8—静触点

　　磁吹式灭弧装置的工作原理是：当接触器的动、静触点分断时，在触点间产生电弧，短时间内电弧通过自身仍维持负载电流 I 继续存在，此时该电流便在电弧未熄灭之前形成两个磁场。一个磁场是该电流在电弧周围形成的，其方向可用安培定

则确定，如图 5-16 所示，在电弧的上方是引出纸面的，用
"⊙"表示；在电弧的下方是进入纸面的，用"⊗"表示。另
外，在电弧周围同时还存在一个由该电流流过磁吹线圈在两导
磁夹板间形成的磁场，该磁场经过铁芯，从一块导磁夹板间的
气隙进入另一块导磁夹板，形成闭合磁路，磁路的方向可由安
培定则确定，如图 5-16 所示，显然外面一块导磁夹板上的磁
场方向是进入纸面的。可见，在电弧的上方，导磁夹板间的磁
场与电弧周围的磁场方向相反，磁场强度削弱；在电弧下方两
个磁场方向相同，磁场强度增强。因此，电弧将从磁场强的一
边被拉向磁场弱的一边，于是电弧向上运动。电弧在向上运动
的过程中被迅速拉长和空气发生相对运动，使电弧温度降低。
同时，电弧被吹进灭弧罩上部时，电弧的热量又被传递给灭弧
罩，进一步降低了电弧的温度，促使电弧迅速熄灭。另外，电
弧在向上运动的过程中，在静触点上的弧根将逐渐转移到引弧
角上，从而减轻了触点的灼伤。引弧角引导弧根向上移动又使
电弧被继续拉长，当电源电压不足以维持电弧燃烧时，电弧就
熄灭。由此可见，磁吹式灭弧装置的灭弧是靠磁吹力的作用使
电弧拉长，并在空气和灭弧罩中快速冷却，从而使电弧迅速熄
灭的。

这种串联式磁吹灭弧装置，其磁吹线圈与主电路是串联的，
且利用电弧电流本身灭弧，所以磁吹力的大小取决于电弧电流的
大小，电弧电流越大，吹灭电弧的能力越强。而当电流的方向改
变时，由于磁吹线圈产生的磁场方向同时改变，磁吹力的方向不
变，即磁吹力的方向与电弧电流的方向无关。

30. 直流接触器的工作原理和图形符号是怎样的？

直流接触器的工作原理和图形符号与交流接触器相同。

31. 接触器的常见故障及处理方法有哪些？

接触器的常见故障及处理方法见表 5-5。

表 5-5 接触器的常见故障及处理方法

故障现象	可能原因	处理方法
吸不上或吸不足（即触点已闭合而铁芯尚未完全吸合）	电源电压太低或波动过大	调高电源电压
	操作回路电源容量不足或发生断线、配线错误及触点接触不良	增加电源容量，更换路线，修理控制触点
	线圈技术参数与使用条件不符	更换线圈
	产品本身受损	更换新产品
	触点弹簧压力过大	按要求调整触点参数
不释放或释放缓慢	触点弹簧压力过小	调整触点参数
	触点熔焊	排除熔焊故障，更换触点
	机械可动部分被卡住，转轴生锈或歪斜	排除卡住现象，修理受损零件
	反力弹簧损坏	更换反力弹簧
	铁芯极面沾有油垢或尘埃	清理铁芯极面
	铁芯磨损过大	更换铁芯
电磁铁（交流）噪声大	电源的电压过低	提高操作回路电压
	触点弹簧压力过大	调整触点弹簧压力
	短路环断裂	更换短路环
	铁芯极面有污垢	清除铁芯极面
	磁系统歪斜或反作用弹簧卡住，使铁芯不能吸平	排除机械卡住的故障
	铁芯极面过度磨损而不平	更换铁芯
线圈过热或烧坏	电源电压过高或过低	调整电源电压
	线圈技术参数与实际使用条件不符	调换线圈或接触器
	操作频率过高	选择其他合适的接触器
	线圈匝间短路	排除短路故障，更换线圈

故障现象	可能原因	处理方法
触点灼伤或熔焊	触点压力过小	调高触点弹簧压力
	触点表面有金属颗粒异物	清理触点表面
	操作频率过高，或工作电流过大，断开容量不够	调换容量较大的接触器
	长期过载使用	调换合适的接触器
	负载侧短路	排除短路故障，更换触点

32．CJ20 系列交流接触器有什么特点？其结构是怎样的？

CJ20 系列交流接触器是我国在 20 世纪 80 年代初统一设计的产品。该系列产品的结构合理、体积小、质量轻、易于保养维修，具有较高的机械寿命，主要适用于交流 50Hz，电压 660V 及以下（部分产品可用于 1140V），电流 630A 及以下的电力线路中，供远距离接通和分断电路以及频繁地启动和控制电动机用。

CJ20 全系列产品均采用直动式立体布置结构。主触点采用双断点桥式触点，触点材料选用银基合金，具有较高的抗熔焊和耐电磨性能。辅助触点可对 CJ20 全系列通用，额定电流在 160A 及以下的为两动合、两动断，250A 及以上的为四动合、两动断，但可根据需要变换成三动合、三动断或两动合、四动断，并且还备有供直流操作专用的大超程动断辅助触点。灭弧罩按其额定电压和电流的不同分为栅片式和纵缝式两种；其电磁系统有两种结构形式，CJ20-40 及以下的采用 E 型铁芯，CJ20-63 及以上的采用 U 型铁芯。吸引线圈的电压：交流 50Hz 有 36、127、220V 和 380V，直流有 24、48、110V 和 220V 等多种。

CJ20-63 型交流接触器的结构如图 5-17 所示。

33．B 系列交流接触器有什么特点？

B 系列交流接触器是通过引进德国 BBC 公司的生产技术和

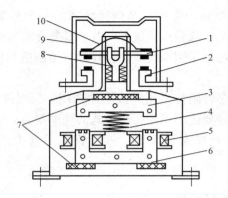

图 5-17　CJ20-63 型交流接触器的结构示意图

1—动触点桥；2—静触点；3—衔铁；4—缓
冲弹簧；5—线圈；6—铁芯；7—热毡；8—
触点弹簧；9—灭弧罩；10—触点压力簧片

生产线生产的新型接触器，可取代我国现在生产的 CJ0、CJ8 及 CJ10 等系列产品，是很有推广价值和应用价值的更新换代产品。

B 系列交流接触器有交流操作的 B 型和直流操作的 BE/BC 型两种，主要适用于交流 50Hz 或 60Hz，电压 660V 及以下，电流 475A 及以下的电力线路中，供远距离接通或分断电路及频繁地启动和控制三相异步电动机用。其工作原理与 CJ10 系列基本相同，但由于采用了合理的结构设计，各零部件按其功能选取较合适的材料和先进的加工工艺，因此产品有较高的经济技术指标。

B 系列交流接触器在结构上有以下特点：

（1）有"正装式"和"倒装式"两种机构布置形式。

1）正装式结构，即触点系统在上面，磁系统在下面。

2）倒装式结构，即触点系统在下面，磁系统在上面。由于这种结构的磁系统在上面，更换线圈很方便，而主接线板靠近安装面，使接线距离缩短、接线方便。此外，便于安装多种附件，扩大使用功能。

（2）通用件多，这是 B 系列接触器的一个显著特点。许多不同规格的产品，除触点系统外，其余零部件基本通用。各零部件和组件的连接多采用卡装或螺钉连接，给制造和使用维护提供了方便。

（3）配有多种附件供用户按用途选用，且附件的安装简便。例如，可根据需要选配不同组合形式的辅助触点。此外，B 系列交流接触器有多种安装方式，可安装在卡规上，也可用螺钉固定。

34. 真空接触器有什么优缺点？

真空交流接触器的特点是主触点封闭在真空灭弧室内，因而具有体积小、通断能力强、可靠性高、寿命长和维修工作量小等优点。缺点是目前价格较高，限制了其推广应用。

常用的交流真空接触器有 CJK 系列产品，适用于交流 50Hz、额定电压 660V 或 1140V、额定电流至 600A 的电力线路中，供远距离接通或断开电路及启动和控制交流电动机用，并可与各种保护装置配合使用，组成防爆型电磁启动器。

35. 什么是固体接触器？

固体接触器又叫半导体接触器，是利用半导体开关电器来完成接触功能的电器。目前生产的固体接触器多数由晶闸管构成，如 CJW1-200A/N 型晶闸管交流接触器柜是由五台晶闸管交流接触器组装而成。

第六章

常用继电器实用技术

1. 继电器有什么用途？

继电器是一种根据输入信号（电量或非电量）的变化，来接通或分断小电流电路（如控制电路），实现自动控制和保护电力拖动装置的电器。一般情况下，继电器不直接控制电流较大的主电路，而是通过控制接触器或其他电器来实现对主电路的控制。图 6-1 所示为几种常用的继电器。

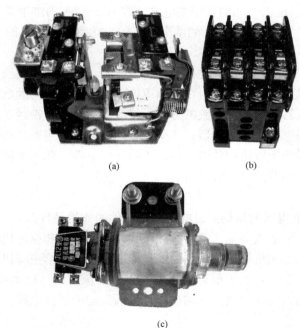

(a)   (b)

(c)

图 6-1 几种常用的继电器

(a) JS7 系列时间继电器；(b) JZ7 系列中间继电器；(c) JL12 系列电流继电器

2. 继电器有什么特点？

继电器具有触点分断能力小、结构简单、体积小、质量轻、反应灵敏、动作准确、工作可靠等特点，所以在电力拖动和自动控制电路中得到了广泛的应用。

3. 继电器是如何分类的？

（1）继电器按输入信号的性质可分为电压继电器、电流继电器、时间继电器、温度继电器、速度继电器、压力继电器等。

（2）继电器按工作原理可分为电磁式继电器、电动式继电器、感应式继电器、晶体管式继电器和热继电器等。

（3）继电器按输出方式可分为有触点继电器和无触点继电器。

（4）继电器按触点负载分类：①微功率继电器，即小于0.2A的继电器；②弱功率继电器，即0.2～2A的继电器；③中功率继电器，即2～10A的继电器；④大功率继电器，即10A以上的继电器；

（5）按防护特征分类：①密封继电器，即采用焊接或其他方法，将触点和线圈等密封在金属罩内，泄漏率较低的继电器；②塑封继电器，即采用封胶的方法，将触点和线圈等密封在塑料罩内，泄漏率较高的继电器；③防尘罩继电器，即用罩壳将触点和线圈等封闭加以防护的继电器；④敞开继电器，即不用防护罩来保护触点和线圈等的继电器。

4. 继电器的结构是怎样的？各部件的作用是什么？

每一种继电器都主要由感测机构、中间机构和执行机构三部分组成。感测机构把感测到的电量或非电量传递给中间机构，并将其与预定值（整定值）相比较，当达到预定值（过量或欠量）时，中间机构便使执行机构动作，从而接通或断开电路。

5. 电磁式继电器的结构是怎样的？

电磁式继电器的结构和工作原理与接触器基本相同，其外形及结构如图 6-2 所示。电磁式继电器按吸引线圈电流的种类，可分为直流电磁式继电器和交流电磁式继电器；按其在电路中的作用，可分为中间继电器、电流继电器和电压继电器。

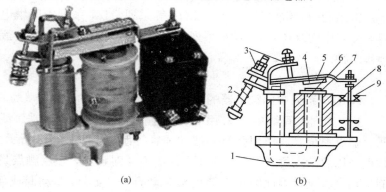

(a)　　　　　　　　　(b)

图 6-2　电磁式继电器

（a）外形；（b）结构

1—底座；2—反作用弹簧；3—调节螺钉；4—非磁性垫片；5—衔铁；

6—铁芯；7—极靴；8—线圈；9—触点

6. 中间继电器有什么用途？

中间继电器是用来增加控制电路中的信号数量或将信号放大的继电器，其输入信号是线圈的通电和断电，输出信号是触点的动作。由于触点的数量较多，所以当其他电器的触点数或触点容量不够时，可借助中间继电器做中间转换，来控制多个元件或回路。

7. 中间继电器的结构和原理是怎样的？

中间继电器的结构及工作原理与接触器基本相同，因而中间继电器又称接触器式继电器。但中间继电器的触点对数多，且没有主、辅触点之分，各对触点允许通过的电流大小相同，多数为 5 A。因此，对于工作电流小于 5 A 的电气控制线路，可用中间继电器代替接触器来控制。

8. 常用中间继电器有哪些?

常用的中间继电器有 JZ7、JZ14 等系列,JZ7 系列中间继电器为交流中间继电器,JZ14 系列中间继电器有交流操作和直流操作两种。

9. JZ7 系列中间继电器的结构是怎样的?

JZ7 系列中间继电器采用立体布置,由静铁芯、衔铁、线圈、触点系统、反作用弹簧和缓冲弹簧等组成,如图 6-3 所示。触点采用双断点桥式结构,上下两层各有 4 对触点,下层触点只能是动合触点,因此触点系统可按 8 动合、6 动合、2 动断或 4 动合、4 动断组合。继电器的线圈吸引额定电压有 12、36、110、220V 和 380V 等。

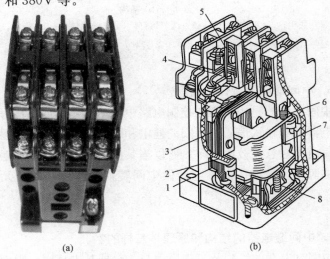

(a)   (b)

图 6-3 JZ7 系列中间继电器

(a) 外形;(b) 结构

1—静铁芯;2—短路环;3—衔铁;4—动合触点;5—动断触点;

6—反作用弹簧;7—线圈;8—缓冲弹簧

10. JZ14 系列中间继电器有什么特点?

JZ14 系列中间继电器有交流操作和直流操作两种,采用螺管式电磁系统和双断点式桥式触点,其基本结构交直流通用,只是交流铁芯与衔铁为平顶形接触面,直流铁芯与衔铁为圆锥形接触面,触点采用直列式分布,对数达 8 对,可按 6 动合、2 动断,4 动合、4 动断或 2 动合、6 动断组合。该系列继电器带有透明外罩,可防止

图 6-4 JZ14 系列中间继电器

尘埃进入内部而影响工作的可靠性,其外形如图 6-4 所示。

11. 中间继电器在电路图中的图形符号是怎样的?

中间继电器在电路图中的图形符号如图 6-5 所示。

图 6-5 中间继电器在电路图中
的图形符号

12. 中间继电器的型号及含义是怎样的?

中间继电器的型号及含义如图 6-6 所示。

13. 如何正确选用中间继电器?常用中间继电器的技术数据有哪些?

中间继电器的选用主要依据被控制电路的电压等级,所需触点的数量、种类、允许通过的额定电流等要求来选择。

常用中间继电器的技术数据见表 6-1。

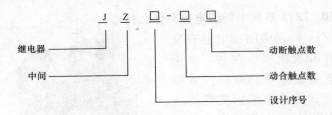

图 6-6　中间继电器的型号及含义

表 6-1　　　　　　　　　　　**中间继电器的技术数据**

型　号	电压种类	触点电压(V)	触点电流(A)	触点组合		通电持续率(%)	吸引线圈电压(V)	吸引线圈消耗功率	额定操作频率(次/h)
				动合	动断				
JZ7-44 JZ7-62 JZ7-80	交流	380	5	4 6 8	4 2 0	40	12、24、36、48、110、127、380、420、440、500	12VA	1200
JZ14-□□J/□	交流	380	5	6 4 2	2 4 6	40	110、127、220、380	10VA	2000
JZ14-□□Z/□	直流	220					24、48、110、220	7W	
JZ15-□□J/□	交流	380	10	6 4 2	2 4 6	40	36、127、220、380	11VA	1200
JZ15-□□Z/□	直流	220					24、48、110、220	11W	

14. 中间继电器的安装、使用、常见故障及处理方法是怎样的？

中间继电器的安装、使用、常见故障及处理方法与接触器类似，可参看第五章的有关内容。

15. 什么叫做电流继电器？

根据输入信号为电流的变化而接通或断开电路的继电器，叫做电流继电器。

16. 电流继电器是如何分类的?

电流继电器分为过电流继电器和欠电流继电器两种。

17. 电流继电器在电路中的图形符号是怎样的?

电流继电器在电路图中的图形符号如图 6-7 所示。

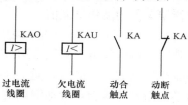

图 6-7　电流继电器在电路图中的图形符号

18. 什么是过电流继电器?

当通过继电器的电流超过预定值时就动作的电流继电器,称为过电流继电器。

19. 过电流继电器有什么用途?

过电流继电器广泛用于直流电动机或绕线转子电动机的控制电路中,在频繁及重载启动的场所中作为电动机和主电路的过载或短路保护等。

20. 常用过电流继电器有哪些系列?

常用的过电流继电器有 JT4、JL5、JL12 及 JL14 等系列。JT4、JL14 系列继电器都是瞬时型过电流继电器,主要用于电动机的短路保护。

21. JT4 系列过电流继电器的结构和工作原理是怎样的?

JT4 系列过电流继电器的外形结构及工作原理如图 6-8 所示。它主要由线圈、圆柱形静铁芯、衔铁、触点系统和反作用弹簧等组成。

当线圈通过的电流为额定值时，它所产生的电磁吸力不足以克服反作用弹簧的反作用力，此时衔铁不动作。当线圈通过的电流超过整定值时，电磁吸力大于弹簧的反作用力，铁芯吸引衔铁动作，带动动断触点断开，动合触点闭合。调整反作用弹簧的作用力，可整定过电流继电器的动作电流值。

过电流继电器的吸合电流为 1.1～4 倍的额定电流，也就是说，在电路正常工作时，过电流继电器线圈通过额定电流时是不吸合的；当电路中发生短路或过载故障，通过线圈的电流达到或超过预定值时，铁芯和衔铁才吸合，带动触点动作。

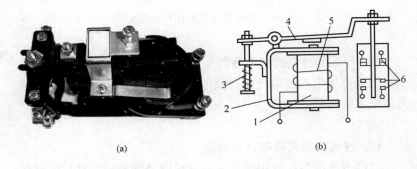

(a) (b)

图 6-8 JT4 系列过电流继电器

(a) 外形；(b) 结构

1—圆柱形静铁芯；2—磁轭；3—反作用弹簧；4—衔铁；5—线圈；6—触点

该系列中有的过电流继电器带有手动复位机构，这类继电器过电流动作后，当电流再减小到整定值甚至减小到零时，衔铁也不能自动复位，只有当操作人员检查并排除故障后，手动松开锁扣机构，衔铁才能在复位弹簧作用下返回，从而避免过电流事故的再度发生。

JT4 系列过电流继电器为交流通用继电器，在这种继电器的磁路系统上装设不同的线圈，便可制成过电流、欠电流、过电压或欠电压等继电器。

22. JT4 系列通用继电器的型号及含义是怎样的？有哪些技术数据？

JT4 系列通用继电器的型号及含义如图 6-9 所示。

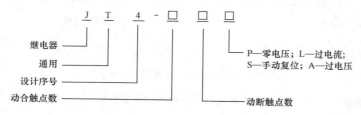

图 6-9 JT4 系列通用继电器的型号及含义

JT4 系列通用继电器的技术数据见表 6-2。

表 6-2　　　　　　　　JT4 系列通用继电器的技术数据

型号	可调参数调整范围	标称误差	返回系数	触点数量	吸引线圈 额定电压（或电流）	吸引线圈 消耗功率	复位方式	机械寿命（万次）	电寿命（万次）	质量（kg）
JT4-□□A 过电压继电器	吸合电压 $(1.05\sim1.20)U_N$		$0.1\sim0.3$	1 动合 1 动断	额定电压：110、220、380V			1.5	1.5	2.1
JT4-□□P 零电压（或中间）继电器	吸合电压 $(0.60\sim0.85)U_N$ 或释放电压 $(0.10\sim0.35)U_N$	±10%	$0.2\sim0.4$	1 动合 1 动断 或 2 动合、2 动断	额定电压：110、127、220、380V	75W	自动	100	10	1.8
JT4-□□L 过电流继电器	吸合电流 $(1.10\sim3.50)I_N$		$0.1\sim0.3$		额定电流：5、10、15、20、40、80、150、300、600A	5W		1.5	1.5	1.7
JT4-□□S 手动过电流继电器							手动			

23. JL14 系列电流继电器的型号及含义是怎样的？有哪些技术数据？

JL14 系列电流继电器的型号及含义如图 6-10 所示。

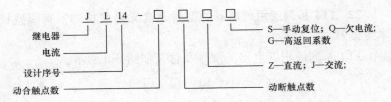

图 6-10　JL14 系列电流继电器的型号及含义

JL14 系列电流继电器的技术数据见表 6-3。

表 6-3　　　　　　　**JL14 系列电流继电器的技术数据**

电流种类	型号	吸引线圈额定电流 I_N(A)	可调参数调整范围	触点组合形式		备注
				动合	动断	
直流	JL14-33Z	1、1.5、2.5、10、15、25、40、60、100、150、300、500、1200、1500	吸合电流(0.70～3.00)I_N	3	3	
	JL14-21ZS		吸合电流(0.30～0.65)I_N	2	1	手动复位
	JL14-12ZQ		或释放电流(0.10～0.20)I_N	1	2	欠电流
交流	JL14-11J		吸合电流(1.10～4.00)I_N	1	1	
	JL14-22JS			2	2	手动复位
	JL14-11JG			1	1	返回系数大于0.65

24. JL12 系列过电流继电器有什么特点？其结构和工作原理是怎样的？

JL12 系列过电流继电器具有过载和启动延时、过电流迅速动作的特点。

JL12 系列过电流继电器的外形和结构如图 6-11 所示。它主要由螺管式电磁系统（包括线圈、磁轭、动铁芯、封帽、封口塞等）、阻尼系统（包括导管、硅油阻尼剂和动铁芯中的钢珠）和触点（即微动开关）等组成。

工作原理：

当通过继电器线圈的电流超过整定值时，导管中的动铁芯受到电磁力作用开始上升，而当铁芯上升时，钢珠关闭油孔，使铁芯的上升受到阻尼作用，铁芯需经过一段时间的延迟后才能推动顶杆，使微动开关的动断触点分断，切断控制回路，从而使电动机得到保护。触点延时动作的时间由继电器下端封帽内装有的调节螺钉调节。当故障消除后，动铁芯因重力作用返回原来的位置。这种过电流继电器从线圈过电流到触点动作需延迟一段时间，从而防止在电动机启动过程中继电器发生误动作。

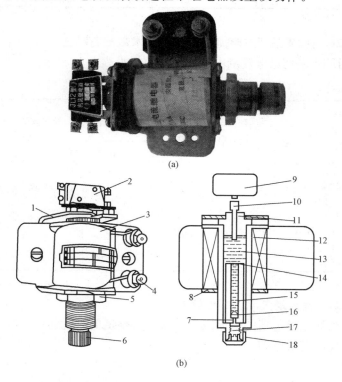

(a)

(b)

图 6-11　JL12 系列过电流继电器
(a) 外形；(b) 结构
1、8—磁轭；2、9—微动开关；3、12—线圈；4—接线柱；5—紧固螺母；6、18—封帽；7—油孔；10—顶杆；11—封口塞；13—硅油阻尼剂；14—导管（油杯）；15—动铁芯；16—钢珠；17—调节螺钉

25. JL12 系列过电流延时继电器的延时特性是怎样的？

JL12 系列过电流延时继电器的延时特性见表 6-4。

表 6-4　　　　　JL12 系列过电流延时继电器的延时特性

过电流倍数	动作时间
1	持续通电 1h 不动作
1.5	热态小于 3min 动作
2.5	热态为（10±6）s 动作
6	当环境温度大于 0℃时，动作时间小于 1s；当环境温度小于 0℃时，动作时间小于 3s

26. JL12 系列过电流继电器的技术数据有哪些？

JL12 系列过电流继电器的技术数据见表 6-5。

表 6-5　　　　　JL12 系列过电流继电器的技术数据

型　号	线圈额定电流（A）	触点额定电压（V）		触点额定电流（A）
		交流	直流	
JL12-5	5			
JL12-10	10			
JL12-15	15			
JL12-20	20	380	440	5
JL12-30	30			
JL12-40	40			
JL12-60	60			

27. 什么是欠电流继电器？

当通过继电器的电流减小到低于其整定值时就动作的继电器称为欠电流继电器。

28. 欠电流继电器的原理是怎样的？常用欠电流继电器有哪些型号？

在电路正常工作时，欠电流继电器的衔铁与铁芯始终是吸合的。只有当电流降至低于整定值时，欠电流继电器释放，发出信号，从而改变电路的状态。欠电流继电器的吸引电流一般为线圈额定电流的 0.3～0.65 倍，释放电流为额定电流的 0.1～0.2 倍。

常用的欠电流继电器有 JL14-□□ZQ 等系列产品，常用于直流电动机和电磁吸盘电路中作弱磁保护。

29. 如何正确选用电流继电器？

（1）电流继电器的额定电流一般可按电动机长期工作的额定电流来选择。对于频繁启动的电动机，考虑到启动电流在继电器中的热效应，额定电流可选大一个等级。

（2）电流继电器的触点种类、数量、额定电流及复位方式应满足控制线路的要求。

（3）过电流继电器的整定电流一般取电动机额定电流的 1.7～2 倍，频繁启动的场所可取电动机额定电流的 2.25～2.5 倍。欠电流继电器的整定电流一般取额定电流的 0.1～0.2 倍。

30. 安装和使用电流继电器时应注意哪些问题？

（1）安装前应检查继电器的额定电流和整定电流值是否符合实际使用要求，继电器的动作部分是否灵活、可靠，外罩及壳体是否有损坏或缺件等情况。

（2）安装后应在触点不通电的情况下，使吸引线圈通电操作几次，看继电器动作是否可靠。

（3）定期检查继电器各零部件是否有松动及损坏现象，并保持触点的清洁。

31. 电流继电器的常见故障及处理方法有哪些？

电流继电器的常见故障及处理方法与接触器完全相同，见表 5-5。

32. 什么叫做电压继电器？有什么用途？

根据输入信号为电压的变化而接通或断开电路的继电器，叫做电压继电器。

电压继电器主要对电路或设备做过电压、欠电压或零电压保护。

33. 电压继电器是如何分类的?

电压继电器按其作用可分为过电压继电器、欠电压继电器和零电压继电器。

34. 电压继电器在电路中是怎样连接的?

使用电压继电器时,其线圈并联在被测量的电路中,根据线圈两端电压的大小而接通或断开电路,因此,电压继电器线圈的导线细、匝数要多、阻抗要大。

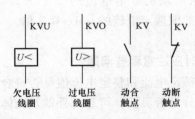

图 6-12　电压继电器在电路图中的符号

35. 电压继电器在电路图中的符号是怎样的?

电压继电器在电路图中的符号如图 6-12 所示。

36. 过电压继电器有什么作用?

过电压继电器是当电压大于其整定值时动作的电压继电器,主要用于对电路或设备进行过电压保护。

37. 过电压继电器有哪些常用型号?

常用的过电压继电器为 JT4-A 系列,其动作电压值可在 1.05～1.20 倍的额定电压范围内调节。

38. 什么是欠电压继电器?

欠电压继电器是当电压降至某一规定范围时释放的电压继

电器。

39. 什么是零电压继电器？

零电压继电器是欠电压继电器的一种特殊形式，是当继电器的电压降至接近消失时才释放的电压继电器。

40. 欠电压继电器和零电压继电器是如何工作的？

欠电压继电器和零电压继电器在线路正常工作时，衔铁和铁芯是吸合的；当电压降至预定值时，衔铁释放，触点复位，对电路实现欠电压和零电压保护。

41. 欠电压继电器和零电压继电器常用的型号有哪些？

常用的欠电压继电器和零电压继电器有 JT4-P 系列，欠电压继电器的释放电压可在 $(0.40\sim0.70)U_N$ 范围内整定，零电压继电器的释放电压可在 $(0.10\sim0.35)U_N$ 范围内调节。

42. 选择电压继电器的依据是什么？

电压继电器主要是根据继电器的额定电压、触点的数目和种类进行选择。

43. 电压继电器的结构、原理及安装使用是怎样的？

电压继电器的结构、原理及安装使用等，与电流继电器类似。

44. 什么是时间继电器？它有什么用途？

时间继电器是一种利用电磁原理或机械动作原理来实现触点延时闭合或延时分断的自动控制电器。它从得到动作信号到触点动作有一定的延时，该延时时间符合准确度要求，因此，时间继电器广泛应用于需要按时间顺序进行自动控制的电气线路中。

45. 常用时间继电器有哪些类型？各有什么特点？

常用的时间继电器主要有电磁式、电动式、空气阻尼式、晶体管式等类型。其中，电磁式时间继电器的结构简单、价格低廉，但体积和质量较大，延时较短（如 JT3 型只有 0.3～5.5s），且只能用于直流断电延时；电动式时间继电器的延时精度高，延时可调范围大（由几分钟到几小时），但结构复杂、价格高。目前在电力拖动控制线路中，应用较多的是空气阻尼式和晶体管式时间继电器，图 6-13 所示为几款时间继电器的外形图。

(a)　　　　　　　　　　(b)　　　　　　　　　(c)

图 6-13　时间继电器

（a）JS7-A 系列空气阻尼式；（b）JS20 系列晶体管式；（c）JS14S 系列数显式

46. JS7-A 系列空气阻尼式时间继电器的结构是怎样的？

空气阻尼式时间继电器又称气囊式时间继电器。JS7-A 系列空气阻尼式时间继电器的外形和结构如图 6-14 所示，主要由以下几部分组成。

（1）电磁系统。电磁系统由线圈、铁芯和衔铁组成。

（2）触点系统。触点系统是借用 LX5 型微动开关，包括两对瞬时触点（1 动合、1 动断）和两对延时触点（1 动合、1 动断），瞬时触点和延时触点分别是两个微动开关的触点。根据触点延时的特点，可分为通电延时动作型和断电延时复位型两种。

（3）延时机构。延时机构采用气囊式阻尼器；空气室为一空腔，由橡皮膜、活塞等组成，橡皮膜可随空气的增减而移动，顶部的调节螺钉可调节延时时间。

（4）传动机构。传动机构由推杆、活塞杆、杠杆及各种类型的弹簧等组成。

（5）基座。基座用金属板制成，用以固定电磁机构和气室。

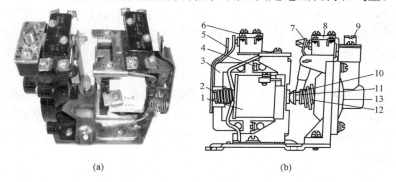

(a)　　　　　　　　　　　　　　(b)

图 6-14　JS7-A 系列空气阻尼式时间继电器的外形和结构

（a）外形；（b）结构

1—线圈；2—反力弹簧；3—衔铁；4—铁芯；5—弹簧片；6—瞬时触点；7—杠杆；8—延时触点；9—调节螺钉；10—推杆；11—活塞杆；12—宝塔形弹簧；13—气囊式阻尼器

47．JS7-A 系列空气阻尼式时间继电器的原理是怎样的?

JS7-A 系列空气阻尼式时间继电器的结构原理示意图如图 6-15 所示。它是利用气囊中的空气通过小孔节流的原理来获得延时动作的，其中，图 6-15（a）所示为通电延时型，图 6-15（b）所示为断电延时型。

（1）通电延时型时间继电器的工作原理。如图 6-15（a）所示，当线圈通电后，铁芯产生吸力，衔铁克服反力弹簧的阻力与铁芯吸合，带动推板立即动作，压合微动开关 SQ2，使其动断触点瞬时断开，动合触点瞬时闭合。同时，活塞杆在宝塔形弹簧的作用下向上移动，带动与活塞相连的橡皮膜向上运动，运动的速度受进气孔进气速度的限制。这时，橡皮膜下面形成空气稀薄的空间，与橡皮膜上面的空气形成压力差，对活塞的移动产生阻尼作用。活塞杆带动杠杆只能缓慢的移动。经过一段时间，活塞才完成全部行程而压动微动开关 SQ1，使其动断触点断开，动合触点闭合。由于从线圈通电到触点动作需延时一段时间，因此 SQ1 的两对触点分别被称为延时闭合瞬时断开的动合触点和延时断开瞬时闭合的动断触点。这种时间继电器延时时间的长短取决于进气的快慢，旋动调节螺钉可调节进气孔的大小，即可达到调节延时时间长短的目的。JS7-A 系列时间继电器的延时范围有 0.4～60s 和 0.4～180s 两种。

当线圈断电时，衔铁在反力弹簧的作用下，通过活塞杆将活塞推向下端，这时橡皮膜下方腔内的空气通过橡皮膜、弱弹簧和活塞局部所形成的单向阀迅速从橡皮膜上方的气室缝隙中排掉，使微动开关 SQ1、SQ2 的各对触点均瞬时复位。

（2）断电延时型时间继电器。JS7-A 系列断电延时型和通电延时型时间继电器的组成元件时通用的。如果将图 6-15（a）中通电延时型时间继电器的电磁机构翻转 180°安装即成为图 6-15（b）所示断电延时型时间继电器。其工作原理读者可自行分析。

48. 时间继电器在电路中的符号是怎样的？

时间继电器在电路中的符号如图 6-16 所示。

49. JS7-A 系列空气阻尼式时间继电器的型号及含义是怎样的？

JS7-A 系列空气阻尼式时间继电器的型号及含义如图 6-17 所示。

50. 空气阻尼式时间继电器有什么特点？

空气阻尼式时间继电器的优点是：延时范围大（0.4～180s），且不受电压和频率波动的影响；可以做成通电延时和断电延时两种形式；结构简单、价格低、使用寿命长。缺点是：整定精度较

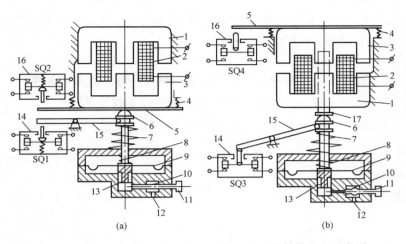

图 6-15 JS7-A 系列空气阻尼式时间继电器的结构原理示意图

(a) 通电延时型；(b) 断电延时型

1—铁芯；2—线圈；3—衔铁；4—反力弹簧；5—推板；6—活塞杆；7—宝塔形弹簧；8—弱弹簧；9—橡皮膜；10—螺钉；11—调节螺钉；12—进气口；13—活塞；14、16—微动开关；15—杠杆；17—推杆

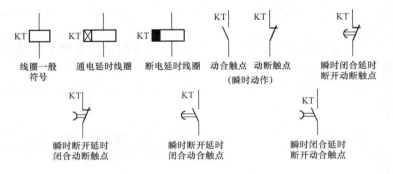

图 6-16 时间继电器在电路中的符号

图 6-17 JST-A 系列空气阻尼式时间继电器的型号及含义

差，延时误差大，且延时值易受周围环境温度、尘埃的影响，因此，只适用延时精度要求不高的一般场所。

51. JS7-A 系列空气阻尼式时间继电器的技术数据有哪些？

JS7-A 系列空气阻尼式时间继电器的技术数据见表 6-6。

表 6-6   JS7-A 系列空气阻尼式时间继电器的技术数据

型号	瞬时动作触点对数		有延时的触点对数				触点额定电压（V）	触点额定电流（A）	线圈电压（V）	延时范围（s）	额定操作频率（次／h）
			通电延时		断电延时						
	动合	动断	动合	动断	动合	动断					
JS7-1A	—	—	1	1	—	—	380	5	24、36、110、127、220、380、420	0.4～60 及 0.4～180	600
JS7-2A	1	1	1	1	—	—					
JS7-3A	—	—	—	—	1	1					
JS7-4A	1	1	—	—	1	1					

52. JS7-A 系列空气阻尼式时间继电器的常见故障及处理方法有哪些？

JS7-A 系列空气阻尼式时间继电器的常见故障及处理方法见表 6-7。

表 6-7   JS7-A 系列空气阻尼式时间继电器的常见故障及处理方法

故障现象	可能原因	处理方法
延时触点不动作	电磁线圈断线	更换线圈
	电源电压过低	调高电源电压
	传动机构卡住或损坏	排除卡住故障或更换部件
延时时间缩短	气室装配不严，漏气	修理或更换气室
	橡皮膜损坏	更换橡皮膜
延时时间变长	气室内有灰尘，使气道阻塞	清除气室内灰尘，使气道畅通

53. 晶体管式时间继电器有什么特点？

晶体管式时间继电器也称为半导体时间继电器或电子式时间继电器，具有机械结构简单、延时范围宽、整定精度高、体积小、耐冲击、耐振动、消耗功率小、调整方便及寿命长等优点，所以发展迅速，已成为时间继电器的主流产品，应用越来越广泛。

54. 晶体管式时间继电器是如何分类的？

晶体管式时间继电器按结构可分为阻容式和数字式两类，按延时方式可分为通电延时型、断电延时型及带瞬动触点的通电延时型三类。

55. JS20 系列晶体管式时间继电器有什么特点？

JS20 系列晶体管式时间继电器是全国推广的统一设计产品，适用于交流 50 Hz、电压 380 V 及以下或直流电压 220 V 及以下的控制电路中做延时元件，按预定的时间接通或分断电路。它具有体积小、质量轻、精度高、寿命长、通用性强等优点。

56. JS20 系列通电延时型晶体管式时间继电器的结构和工作原理是怎样的？

JS20 系列通电延时型晶体管式时间继电器的外形如图 6-18（a）所示，它有保护外壳，其内部结构采用印刷电路组件。该系列时间继电器的安装和接线均采用专用的插接座，并配有带插脚标记的下标牌做接线指示，上标盘上还带有发光的二极管作为动作指示。其结构形式有外接式、装置式和面板式三种。外接式的整定电位器可通过插座用导线接到所需的控制板上；装置式的具有带接线端子的胶木底座；面板式的采用八大脚插座，可直接安装在控制台的面板上，另外，还带有延时刻度和延时旋钮供整定延时时间用。

JS20 系列通电延时型晶体管式时间继电器的接线示意图如

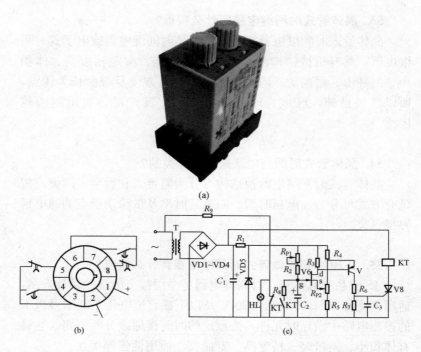

图 6-18　JS20 系列通电延时型晶体管式时间继电器的
外形接线示意图和电路图
(a) 外形图；(b) 接线示意图；(c) 电路图

图 6-18 (b) 图所示，电路图如图 6-18 (c) 所示。它由电源电路、电容充放电电路、电压鉴别电路、输出和指示电路五部分组成。电源接通后，经整流滤波和稳压后的直流电流，经过 RP1 和 R2 向电容 C2 充电。当场效应管 V6 的栅源电压 U_{gs} 低于夹断电压 U_p 时，V6 截止，因而 V、V8 也处于截止状态。随着充电的不断进行，电容 C2 的电位按指数规律上升，当达到 U_{gs} 高于 U_p 时，V6 导通，V、V8 也导通，继电器 KT 吸合，输出延时信号。同时，电容 C2 通过 R8 和 KT 的动合触点放电，为下次动作做好准备。切断电源时，继电器 KT 释放，电路恢复原始状态，等待下次动作。调节 RP1 和 RP2 即可调整延时时间。

57. JS20 系列时间继电器的型号及含义是怎样的?

JS20 系列晶体管式时间继电器的型号及含义如图 6-19 所示。

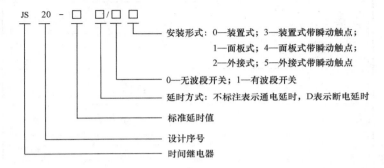

图 6-19　JS20 系列晶体管式时间继电器的型号及含义

58. JS20 系列时间继电器的技术数据有哪些?

JS20 系列晶体管式时间继电器的技术数据见表 6-8。

59. 晶体管时间继电器适用于哪些场合?

（1）电磁式时间继电器不能满足要求时。

（2）要求的延时精度较高时;

（3）控制回路相互协调需要无触点输出等情况时。

60. 如何选用时间继电器?

（1）根据系统的延时范围和精度选择时间继电器的类型和系列。在延时精度要求不高的场所，一般可选用价格较低的 JS7-A 系列空气阻尼式时间继电器，反之，对精度要求较高的场所，可选用晶体管式时间继电器。

（2）根据控制线路的要求选择时间继电器的延时方式（通电延时或断电延时）。同时，还必须考虑线路对瞬时动作触点的要求。

（3）根据控制线路电压选择时间继电器吸引线圈的电压。

表6-8　JS20系列晶体管式时间继电器的技术数据

型号	安装形式	延时整定元件位置	延时范围(s)	延时触点对数 通电延时 动合	动断	断电延时 动合	动断	不延时触点对数 动合	动断	误差(%) 重复	综合	环境温度(℃)	工作电压(V) 交流	直流	功率消耗(W)	机械寿命(万次)
JS20-□/00	装置式	内接	0.1~300	2	2	—	—	—	—							
JS20-□/01	面板式	内接		2	2	—	—	—	—							
JS20-□/02	外接式	外接		2	2	—	—	—	—							
JS20-□/03	装置式	内接	0.1~3600	1	1	—	—	1	1							
JS20-□/04	面板式	内接		1	1	—	—	1	1							
JS20-□/05	外接式带瞬动触点	外接		1	1	—	—	1	1	±3	±10	-10 ~ 40	36、110、127、220、380	24、48、110	≤5	1000
JS20-□/10	装置式	内接		2	2	—	—	—	—							
JS20-□/11	面板式	内接		2	2	—	—	—	—							
JS20-□/12	外接式	外接		2	2	—	—	—	—							
JS20-□/13	装置式	内接		1	1	—	—	1	1							
JS20-□/14	面板式	内接		1	1	—	—	1	1							
JS20-□/15	外接式带瞬动触点	外接		1	1	—	—	1	1							
JS20-□D/00	装置式	内接	0.1~180	—	—	2	2	—	—							
JS20-□D/01	面板式	内接		—	—	2	2	—	—							
JS20-□D/02	外接式	外接		—	—	2	2	—	—							

61. 如何安装和使用时间继电器?

时间继电器在安装时的注意事项:时间继电器应按说明书规定的方向安装。无论是通电延时型还是断电延时型,都必须使继电器在断电后衔铁释放时的运动方向垂直向下,其倾斜度不得超过 5°。

时间继电器在使用时的注意事项:

(1)时间继电器的整定值,应预先在不通电时整定好,并在试车时校正。

(2)时间继电器金属底板上的接地螺钉必须与接地线可靠连接。

(3)通电延时型和断电延时型可在整定时间内自行调换。

(4)使用时,应经常清除灰尘及油污,否则延时误差将增大。

62. 什么是热继电器?

热继电器是利用流过继电器的电流所产生的热效应而反时限动作的自动保护电器。反时限动作是指电器的延时动作时间随通过电路电流的增加而缩短。

63. 热继电器有什么作用?

热继电器主要与接触器配合使用,用作电动机的过载保护、断相保护、电流不平衡运行的保护及其他电气设备发热状态的控制。

64. 热继电器是如何分类的?

热继电器的形式有多种,其中双金属片式应用最多。按极数可分为单极、两极和三极三种,其中三极的又包括带断相保护装置和不带断相保护装置两种;按复位方式可分为自动复位式(触点动作后能自动返回原来的位置)和手动复位式两种。

65. 热继电器的型号及含义是怎样的?

热继电器的型号及含义如图 6-20 所示。

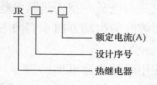

图 6-20　热继电器的型号及含义

66. 常用热继电器有哪些型号? 使用中应注意哪些问题?

目前,我国生产中常用的热继电器的型号有 JR16、JR20、JR36 等系列以及引进的 T 系列、3UA 等系列,均为双金属片式。其中,JR36 系列热继电器是在 JR16B 的基础上改进设计而成的,是 JR16B 的替代产品,其外形和安装尺寸与 JR16B 完全一样。

在使用中,每一系列的热继电器一般只能和相适应系列的接触器配套使用,如 JR36 系列热继电器与 CJT1 系列接触器配套使用,JR20 系列热继电器与 CJ20 系列接触器配套使用,T 系列热继电器与 B 系列接触器配套使用,3UA 系列热继电器与 3TB、3TF 系列接触器配套使用等。

67. JR36 系列热继电器有什么特点?

JR36 系列热继电器具有断相保护、温度补偿、自动与手动复位功能,动作可靠,适用于交流 50Hz、电压至 660V(或690V)、电流 0.25～160A 的电路中,为长期或间断长期工作的交流电动机作过载与断相保护。

68. JR16 系列三极双金属片热继电器的外形与结构是怎样的?

JR16 系列三极双金属片热继电器的外形和结构如图 6-21 所

示。它主要由热元件、动作机构、触点系统、电流整定装置、温度补偿元件和复位机构等部分组成。

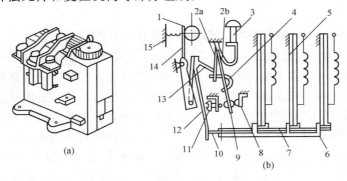

图 6-21 JR16 系列三极双金属片热继电器

（a）外形；（b）结构

1—电流调节凸轮；2—片簧；3—手动复位按钮；4—弓簧；5—主双金属片；6—外导板；7—内导板；8—静触点；9—动触点；10—杠杆；11—复位调节螺钉；12—补偿双金属片；13—推杆；14—连杆；15—压簧

（1）热元件。热元件是热继电器的主要组成部分，由主双金属片和绕在外面的电阻丝组成。主双金属片是由两种热膨胀系数不同的金属片复合而成，金属片的材料多为铁镍铬合金和铁镍合金。电阻丝一般用康铜或镍铬合金等材料制成。

（2）动作机构和触点系统。动作机构利用杠杆传递及弓簧式瞬跳机构来保证触点动作的迅速、可靠。触点为单断点弓簧跳跃式动作，一般为一个动合触点、一个动断触点。

（3）电流整定装置。电流调节装置通过旋钮和电流调节凸轮来调节推杆间隙，改变推杆移动距离，从而调节整定电流值。

（4）温度补偿元件。温度补偿元件也为双金属片，其受热弯曲的方向与主双金属片一致，它能保证热继电器的动作特性在－30～40℃的环境温度范围内基本不受周围介质温度的影响。

（5）复位机构。复位机构有手动和自动两种形式，可根据使

131

用要求通过复位调节螺钉来自由调整选择。一般自动复位的时间不大于 5min，手动复位的时间不大于 2min。

69. JR16 系列热继电器的工作原理是怎样的?

JR16 系列热继电器的工作原理：使用时，将热继电器的三相热元件分别串接在电动机的三相主电路中，动断触点串接在控制电路的接触器线圈回路中。当电动机过载时，流过电阻丝的电流超过热继电器的整定电流，电阻丝发热，使主双金属片向右弯曲，推动内、外导板向右移动，通过温度补偿双金属片推动推杆绕轴转动，从而推动触点系统动作，动触点与动断静触点分开，使接触器线圈断电，接触器触点断开，将电源切除起到保护作用。电源切除后，主双金属片逐渐冷却恢复原位，动触点在失去作用力的情况下，靠弓簧的弹性自动复位。

JS16 系列热继电器也可采用手动复位，以防止故障排除前设备带故障再次投入运行。将复位调节螺钉向外调节到一定位置，使动触点弓簧的转动超过一定角度失去反弹性，此时即使主双金属片冷却复原，动触点也不能自动复位，必须采用手动复位。按下复位按钮，动触点弓簧恢复到具有弹性的角度，推动动触点与静触点恢复闭合。

当环境温度变化时，主双金属片会发生零点漂移，即热元件未通过电流时主双金属片即产生变形，使热继电器的动作性能受环境温度影响，导致热继电器的动作产生误差。为补偿这种影响，设置了温度补偿双金属片，其材料与主双金属片相同。当环境温度变化时，温度补偿双金属片与主双金属片产生同一方向上的附加变形，从而使热继电器的动作特性在一定温度范围内基本不受环境温度的影响。

热继电器整定电流的大小可通过旋转电流整定旋钮来调节，旋钮上刻有整定电流值标尺。热继电器的整定电流是指热继电器连续工作而不动作的最大电流，超过整定电流，热继电器将在负载未达到其允许的过载极限之前动作。

70. JR16 系列带断相保护装置的热继电器的结构和工作原理是怎样的?

JR16 系列热继电器有带断相保护装置的和不带断相保护装置的两种类型。三相异步电动机的电源或绕组断相是导致电动机过热烧毁的主要原因之一,普通结构的热继电器能否对电动机进行断相保护,取决于电动机绕组的连接方式。

对定子绕组采用星形连接的电动机而言,若运行中发生断相,通过另外两相的电流会增大,而流过热继电器的电流(即线电流)就是流过电动机绕组的电流(即相电流),普通结构的热继电器都可以对此做出反应。而绕组接成三角形的电动机若运行中发生断相,流过热继电器的电流(线电流)与流过电动机非故障绕组的电流(相电流)的增加比例不相同,在这种情况下,电动机非故障相流过的电流可能超过其额定电流,而流过热继电器的电流却未超过热继电器的整定值,热继电器不动作,但电动机的绕组可能会因过载而烧毁。

为了对定子绕组采用三角形连接的电动机实行断相保护,必须采用三相结构带断相保护装置的热继电器。JR16 系列中部分热继电器带有差动式断相保护装置,其结构及工作原理如图 6-22 所示。图 6-22 (a) 所示为未通电时的情况;图 6-22 (b) 所示为三相均通有额定电流时的情况,此时三相主双金属片均匀受热,同时向左弯曲,内、外导板一齐平行左移一段距离但未超过临界位置,触点不动作;图 6-22 (c) 所示为三相均过载时,三相主双金属片均受热向左弯曲,推动外导板并带动内导板一齐左移,超过临界位置,通过动作机构使动断触点断开,从而切断控制回路,达到保护电动机的目的;图 6-22 (d) 所示为电动机在运行中发生一相(如 W 相)断线故障时的情况,此时该相主双金属片逐渐冷却,向右移动,并带动内导板同时右移,这样内导板和外导板产生了差动放大作用,通过杠杆的放大作用使继电器迅速动作,切断控制电路,使电动机得到保护。

由于热继电器主双金属片受热膨胀的热惯性及动作机构传递

信号的惰性原因，热继电器从电动机过载到触点动作需要一定的时间，也就是说，即使电动机严重过载甚至短路，热继电器也不会瞬时动作，因此热继电器不能做短路保护。但也正是这个热惯性和机械惰性，保证了热继电器在电动机起动或短时过载时不会动作，从而满足了电动机的运行要求。

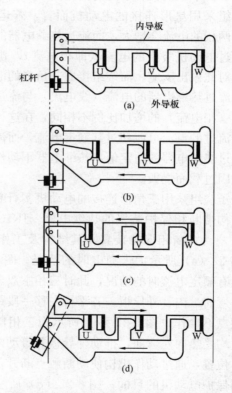

图 6-22　差动式断相保护装置工作原理
（a）未通电；（b）三相通额定电流；（c）三相同时过载；（d）一相断相

71. 热继电器为什么不能做短路保护用？

由于热继电器主双金属片受热膨胀的热惯性及动作机构传递信号的惰性，热继电器从电动机过载到触点动作需要一定的时间，也就是说，即使电动机严重过载甚至短路，热继电器也不会瞬时动作，因此热继电器不能做短路保护。但也正是其热惯性和机械惰性，保证了热继电器在电动机启动或短时过载时不会动作，从而满足了电动机的运行要求。

72. 热继电器在电路中的图形符号是怎样的？

热继电器在电路中的图形符号如图 6-23 所示。

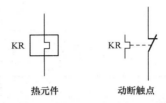

热元件　　　　　动断触点

图 6-23　热继电器在电路中的图形符号

73. JR36 系列热继电器的热元件有哪些等级？

JR36 系列热继电器的热元件等级见表 6-9。

表 6-9　　　　　　JR36 系列热继电器的热元件等级

热继电器型号	热继电器额定电流（A）	热元件等级	
		热元件额定电流（A）	电流调节范围（A）
JR36-20	20	0.35	0.25～0.35
		0.5	0.32～0.5
		0.72	0.45～0.72
		1.1	0.68～1.1
		1.6	1～1.6
		2.4	1.5～2.4
		3.5	2.2～3.5
		5	3.2～5
		7.2	4.5～7.2
		11	6.8～11
		16	10～16
		20	14～20

热继电器型号	热继电器额定电流 （A）	热元件等级	
		热元件额定电流 （A）	电流调节范围 （A）
JR36-32	32	16	10～16
		22	14～22
		32	20～32
JR36-63	63	22	14～22
		32	20～32
		45	28～45
		63	40～63
JR36-160	160	63	40～63
		85	53～85
		120	75～120
		160	100～160

74. JR16 系列热继电器的热元件有哪些等级?

JR16 系列热继电器的热元件等级见表 6-10。

表 6-10　　　　　　　　JR16 系列热继电器的热元件等级

型号	额定电流 （A）	热元件等级	
		额定电流 （A）	刻度电流调节范围 （A）
JR0-20/3 JR0-20/3D JR16-20/3 JR16-203D	20	0.35	0.25～0.3～0.35
		0.5	0.32～0.4～0.5
		0.72	0.45～0.6～0.72
		1.1	0.68～0.9～1.1
		1.6	1.0～1.3～1.6
		2.4	1.5～2.0～2.4
		3.5	2.2～2.8～3.5
		5.0	3.2～4.0～5.0
		7.2	4.5～6.0～7.2
		11	6.8～9.0～11.0
		16	10.0～13.0～16.0
		22	14.0～18.0～22.0

型号	额定电流 （A）	热元件等级	
		额定电流 （A）	刻度电流调节范围 （A）
JR0-40/3 JR16-40/3D	40	0.64 1.0 1.6	0.4～0.64 0.64～1.0 1～1.6

75. JR20 系列热继电器主要适用于哪些场所？

JR20 系列双金属片式热继电器适用于交流 50Hz、额定电压 660V、电流 630A 及以下的电力拖动系统中，作为三相笼型异步电动机的过载和断相保护电器，并可与 CJ20 系列交流接触器配套组成电磁启动器。

76. JR20 系列热继电器有哪些特点？

（1）JR20 系列热继电器除具有过载保护、断相保护、温度补偿以及手动和自动复位功能外，还具有灵活性检查、动作指示及断开检验等功能。灵活性检查可实现不打开盖板、不通电就能方便地检查热继电器内部的动作情况；动作指示器可清楚地显示出热继电器动作与否；按动检验按钮，断开动断触点，可检查控制电路的动作情况。

（2）JR20 系列热继电器通过专用的导电板可安装在相应电流等级的交流接触器上。由于在其设计时充分考虑了 CJ20 系列交流接触器各电流等级的相间距离、接线高度及外形尺寸，因此可与 CJ20 很方便地配套使用。

（3）电流调节旋钮采用"三点定位"固定方式，消除了在旋动电流调节旋钮时所引起的热继电器动作性能多变的弊端。

77. JR20 系列热继电器的结构和原理是怎样的？

JR20 系列热继电器产品采用三相立体布置式结构，如图 6-

24 所示。其动作机构采用拉簧式跳跃动作机构，且全系列通用。当发生过载时，发热元件受热使补偿双金属片向左弯曲，并通过导板和动杆推动杠杆 O_1 点沿顺时针方向转动，顶动拉力弹簧使之带动触点动作。同时，动作指示件弹出，显示热继电器已动作。

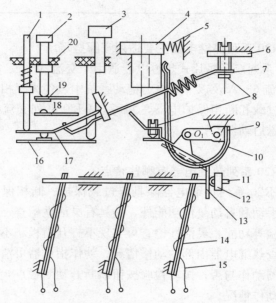

图 6-24　JR20 系列热继电器结构示意图

1—动作指示件；2—复位按钮；3—断开/校验按钮；4—电流调节按钮；5—弹簧；6—支撑件；7—拉簧；8—调整螺钉；9—支持件；10—补偿双金属片；11—导板；12—动杆；13—杠杆；14—主双金属片；15—发热元件；16、19—静触点；17、18—动触点；20—外壳

78. 常用热继电器的技术数据有哪些？

常用热继电器的技术数据见表 6-11。

表 6-11　　　　　　　　　　常用热继电器的技术数据

型号	额定电压(V)	额定电流(A)	相数	热元件 最小规格(A)	最大规格(A)	挡数	断相保护	温度补偿	复位方式	动作灵活性检查装置	动作后的指示	触点数量
JR16 (JR0)	380	20	3	0.25~0.35	14~22	12	有					
		60		14~22	10~63	4						
		150		40~63	100~160	4						
JR15		10	2	0.25~0.35	6.8~11.0	10	无		手动或自动	无	无	1动断、1动合
		40		6.8~11	30~45	5						
		100		32~50	60~100	3						
		150		68~110	100~150	2						
JR20	660	6.3	3	0.10~0.15	5.0~7.4	14	无	有		有	有	
		16		3.5~5.3	14~18	6						
		32		8~12	28~36	6						
		63		16~24	55~71	6						
		160		33~47	144~170	9						
		250		83~125	167~250	4						
		400		130~195	267~400	4						
		630		200~300	420~630	4						

79. 怎样正确选用热继电器？

选择热继电器时，主要根据所保护的电动机的额定电流来确定热继电器的规格和热元件的电流等级。

（1）根据电动机的额定电流选择热继电器的规格。一般应使热继电器的额定电流略大于电动机的额定电流。

（2）根据需要的整定电流值选择热元件的编号和电流等级。一般情况下，热元件的整定电流应为电动机额定电流的 0.95~

139

1.05 倍。但如果电动机拖动的是冲击性负载或启动时间较长及拖动的设备不允许停电的场所，热继电器的整定电流值可取电动机额定电流的 1.1～1.5 倍。如果电动机的过载能力较差，热继电器的整定电流可取电动机额定电流的 0.6～0.8 倍。同时，整定电流应留有一定的上下限调整范围。

（3）根据电动机定子绕组的连接方式选择热继电器的结构形式，即定子绕组作星形连接的电动机选用普通三相结构的热继电器，而作三角形连接的电动机应选用三相结构带断相保护装置的热继电器。

80. 如何安装和使用热继电器？

安装热继电器时的注意事项：

（1）热继电器必须按照产品说明书中规定的方式安装，安装处的环境温度应与电动机所处环境温度基本相同。当与其他电器安装在一起时，应注意将热继电器安装在其他电器的下方，以免其动作特性受到其他电器发热的影响。

（2）安装时，应清除触点表面尘污，以免因接触电阻过大或电路不通而影响热继电器的动作性能。

使用热继电器时的注意事项：

（1）热继电器出线端连接导线的选用见表 6-12。导线的粗细和材料将影响到热元件端触点传导到外部热量的多少。导线过细，轴向导热性差，热继电器可能提前动作；反之，导线过粗，轴向导热快，热继电器可能滞后动作。

表 6-12 热继电器出线端连接导线选用表

热继电器额定电流（A）	连接导线截面积（mm²）	连接导线的种类
10	2.5	单股铜芯塑料线
20	4	
60	16	多股铜芯橡皮线

（2）使用中的热继电器应定期通电校验。此外，当发生短路

事故后，应检查热元件是否已发生永久变形。若已永久变形，则需通电校验。若因热元件变形或其他原因致使动作不准确时，只能调整其可调部件，而绝不能弯折热元件。

（3）热继电器在出厂时均调整为手动复位方式，如果需要自动复位，只要将复位螺钉顺时针方向旋转 3～4 圈，并稍微拧紧即可。

（4）热继电器在使用中，应定期用布擦净尘埃和污垢，若发现双金属片上有锈斑，应用清洁棉布蘸汽油轻轻擦除，切忌用砂纸打磨。

81. 热继电器的常见故障及处理方法有哪些?

热继电器的常见故障及处理方法见表 6-13。

表 6-13　　　　热继电器的常见故障及处理方法

故障现象	故障原因	修理方法
热元件烧断	（1）负载侧短路，电流过大。 （2）操作频率过高	（1）排除故障，更换热继电器。 （2）更换合适参数的热继电器
热继电器不动作	（1）热继电器的额定电流值选用不合适。 （2）整定值偏大。 （3）动作触点接触不良。 （4）热元件烧断或脱焊。 （5）动作机构卡阻。 （6）导板脱出	（1）按保护容量合理选用。 （2）合理调整整定值。 （3）消除触点接触不良因素。 （4）修理热元件或更换热继电器。 （5）消除卡阻因素。 （6）重新放入导板并调试
热继电器动作不稳定，时快时慢	（1）热继电器内部机构某些部件松动。 （2）在检修中弯折了双金属片。 （3）通电电流波动大，或接线螺钉松动	（1）将松动部件加以紧固。 （2）用两倍电流预试几次或将双金属片拆下来热处理（一般约为 240℃）以去除内应力。 （3）检查电源电压或拧紧接线螺钉

续表

故障现象	故障原因	修理方法
热继电器动作太快	（1）整定值偏小。 （2）电动机启动时间过长。 （3）连接导线太细。 （4）操作频率过高。 （5）使用场所有强烈的冲击和振动。 （6）可逆转换频繁。 （7）安装热继电器处与电动机处环境温差太大	（1）合理调整整定值。 （2）按启动时间要求，选择具有合适的可返回时间的热继电器或在启动过程中将热继电器短接。 （3）选用标准导线。 （4）更换合适的型号。 （5）选用带防冲击振动的热继电器或采取防冲击振动措施。 （6）改用其他保护措施。 （7）按两地温差情况配置适当的热继电器
主电路不通	（1）热元件烧断。 （2）接线螺钉松动或脱落	（1）更换热元件或热继电器。 （2）紧固接线螺钉
控制电路不通	（1）触点烧坏或簧片（动触点）弹性消失。 （2）可调整式旋钮转到不合适的位置。 （3）热继电器动作后未复位	（1）更换触点或簧片。 （2）调整旋钮或螺钉。 （3）按动复位按钮

82. 什么是速度继电器？它有什么特点和用途？

反映转速和转向的继电器是速度继电器，其主要作用是以旋转速度的快慢为指令信号，与接触器配合实现对电动机的反接制动控制，因此，也称为反接制动继电器。

速度继电器具有结构简单、工作可靠、价格低廉等特点，广泛应用于生产机械运动部件的速度控制和反接控制快速停车，如车床主轴、铣床主轴等。

83. 速度继电器的型号及含义是怎样的?

速度继电器的型号及含义如图 6-25 所示。

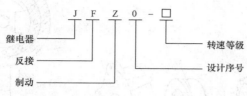

图 6-25 速度继电器的型号及含义

84. 常用速度继电器有哪些型号?

常用的速度继电器有 JY1 型和 JFZ0 型，JY1 型速度继电器的外形如图 6-26 所示。

图 6-26 JY1 型速度继电器的外形

85. 速度继电器的结构和原理是怎样的?

JY1 型速度继电器的结构如图 6-27（a）所示，它主要由定子、转子、可动支架、触点及端盖组成。转子由永久磁铁制成，固定在转轴上；定子由硅钢片叠成并装有笼型短路绕组，能做小范围偏转；触点系统由两组转换触点组成，一组在转子正转时动作，另一组在反转时动作。

143

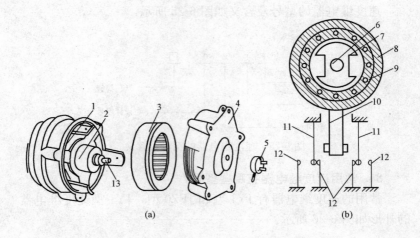

图 6-27　JY1 型速度继电器

(a) 结构图；(b) 工作原理图

1—可动支架；2—转子；3—定子；4—端盖；5—连接头；6—电动机轴；7—
转子（永久磁铁）；8—定子；9—定子绕组；10—胶木摆杆；11—簧片（动触
点）；12—静触点；13—速度继电器的转轴

JY1 型速度继电器的工作原理如图 6-27（b）所示。它是利用电磁感应原理工作的感应式速度继电器。使用时，速度继电器的转轴与电动机轴连接在一起。当电动机旋转时，速度继电器的转子随之旋转，在空间产生旋转磁场，旋转磁场在定子绕组上产生感应电动势及感应电流，感应电流又与旋转磁场相互作用而产生电磁转矩，使得定子以及与之相连的胶木摆杆偏转。当定子偏转到一定角度时，胶木摆杆推动簧片，使继电器触点动作；当转子转速减小到接近零时，由于定子的电磁转矩很小，胶木摆杆恢复原状态，触点也随即复位。

速度继电器的动作转速一般不低于 100～300r/min，复位转速约在 100r/min 以下。常用的速度继电器中，JY1 型能在3000r/min 的转速以下可靠地工作，JFZ0 型的两组触点改用两个微动开关，使其触点的动作速度不受定子偏转速度的影响，额定工作转速有 300～1000r/min（JFZ0-1 型）和 1000～3000r/min（JFZ0-2）两种。

86. 速度继电器的图形符号是怎样的？

速度继电器的图形符号如图 6-28 所示。

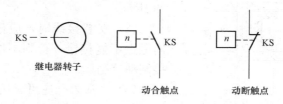

图 6-28　速度继电器的图形符号

87. JY1 型和 JFZ0 型速度继电器的技术数据有哪些？

JY1 型和 JFZ0 型速度继电器的技术数据见表 6-14。

表 6-14　　　　JY1 型和 JFZ0 型速度继电器的技术数据

型号	触点额定电压（V）	触点额定电流（A）	触点对数		额定工作转速（r/min）	允许操作频率（次/h）
			正转动作	反转动作		
JY1			1 组转换触点	1 组转换触点	100～3000	
JFZ0-1	380	2	1 动合、1 动断	1 动合、1 动断	300～1000	＜30
JFZ0-2			1 动合、1 动断	1 动合、1 动断	1000～3000	

88. 如何选用速度继电器？

速度继电器主要根据所需控制的转速大小、触点数量和电压、电流来选用。

89. 如何安装速度继电器?

（1）速度继电器的转轴应与电动机同轴连接，且使两轴的中

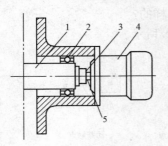

心线重合。速度继电器的转轴可用联轴器与电动机的轴连接，如图 6-29 所示。

（2）安装接线时，应注意正反向触点不能接错，否则不能实现反接制动控制。

（3）金属外壳应可靠接地。

图 6-29　速度继电器的安装
1—电动机轴；2—电动机轴承；
3—联轴器；4—速度继电器；
5—速度继电器的转轴

90. 速度继电器的常见故障及处理方法有哪些?

速度继电器的常见故障及处理方法见表 6-15。

表 6-15　　　　　　速度继电器的常见故障及处理方法

故障现象	可能原因	处理方法
反接制动时速度继电器失效，电动机不制动	胶木摆杆断裂	更换胶木摆杆
	触点接触不良	清洗触点表面油污
	簧片断裂或失去弹性	更换弹性簧片
	笼型绕组开路	更换笼型绕组
电动机不能正常制动	簧片调整不当	重新调节调整螺钉：将调整螺钉向下旋，簧片弹性增大，使速度较高时继电器才动作；或将调整螺钉向上旋，簧片弹性减小，使速度较低时继电器才动作

91. 什么是压力继电器？压力继电器有什么用途？

能根据压力源压力的变化情况决定触点断开或闭合的继电器叫压力继电器。

压力继电器经常用于机械设备的液压或气压控制系统中，它能根据压力源的压力变化情况决定触点的断开或闭合，以便对机械设备提供某种保护或控制。

92. 常用压力继电器有哪些系列？

常用的压力继电器有 YJ、YT-126 和 TE52 等系列。

93. 压力继电器的结构及工作原理是怎样的？

压力继电器的结构及原理如图 6-30 所示，它主要由缓冲器、橡皮膜、顶杆、压缩弹簧、调节螺母和微动开关等组成。微动开关和顶杆的距离一般大于 0.2mm。压力继电器装在油路（或气路、水路）的分支管路中。当管路压力超过整定值时，通过缓冲

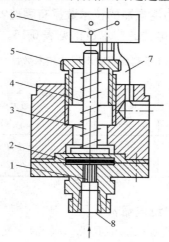

图 6-30　压力继电器的结构及原理

1—缓冲器；2—橡皮膜；3—顶杆；4—压缩弹簧；

5—螺母；6—微动开关；7—导线；8—压力油入口

器和橡皮膜顶起顶杆，推动微动开关使其触点动作；当管路中的压力低于整定值时，顶杆脱离微动开关使其触点复位。

压力继电器的调整非常方便，只要放松或拧紧调节螺母即可改变控制压力。

94. 压力继电器在电路图中的图形符号是怎样的？

压力继电器在电路图中的符号如图 6-31 所示。

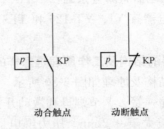

图 6-31　压力继电器在电路图中的符号

95. YJ 系列压力继电器的技术数据有哪些？

YJ 系列压力继电器的技术数据见表 6-16。

表 6-16　　　　　　　　YJ 系列压力继电器的技术数据

型　　号	额定电压 (V)	长期工作电流 (A)	分断功率 (W)	控制压力	
				最大控制压力 (Pa)	最小控制压力 (Pa)
YJ-0	交流 380	3	380	6.0795×10^2	2.0265×10^2
YJ-1				2.0265×10^2	1.01325×10^2

96. 什么是固态继电器？

固态继电器（Solid State Relay，SSR）又叫半导体继电器，是由半导体器件组成的继电器。它是一种无触点电子开关器件，利用分立元件、集成电路及微电子技术实现控制回路（输入端）与负载回路（输出端）之间的电隔离及信号耦合，没有任何可动部件和触点，具有相当于电磁继电器的功能。

97. 固态继电器有什么优缺点？

固态继电器的优点：

（1）寿命长，可靠性高，使用方便。固态继电器没有机械零部件，由固体器件完成触点功能，由于没有运动的零部件，因此能在高冲击、高振动的环境下工作，由于组成固态继电器的元器件的固有特性，决定了固态继电器寿命长、可靠性高、使用方便。

（2）灵敏度高，控制功率小，电磁兼容性好。固态继电器的输入电压范围较宽，驱动功率低，可与大多数逻辑集成电路兼容不需加缓冲器或驱动器，并可进一步扩展到传统电磁继电器无法应用的领域，如计算机和可编程控制器的输入输出接口、计算机外围和终端设备、机械控制、过程控制、遥控及保护系统等。

（3）快速转换。固态继电器因为采用固体器件，所以切换时间可从几毫秒至几微秒。

（4）电磁干扰小。固态继电器没有输入"线圈"，没有触点燃弧和回跳，因而减少了电磁干扰。大多数交流输出固态继电器是一个零电压开关，在零电压处导通，零电流处关断，减少了电流波形的突然中断，从而减少了开关瞬态效应。

在一些要求耐震、耐潮、耐腐蚀、防爆等的特殊工作环境中，以及要求可靠性的工作场所，固态继电器比传统的电磁继电器有明显的优越性。因此，固态继电器正得到越来越广泛地应用，在自动控制系统中，正逐步取代电磁继电器。

固态继电器的缺点：

（1）导通后的管压降大。可控硅或双相可控硅的正向降压可达 $1\sim2V$，大功率晶体管的饱和压降也在 $1\sim2V$ 之间，一般功率场效应管的导通电阻也较机械触点的接触电阻大。

（2）半导体器件关断后仍会有数微安至数毫安的漏电流，因此不能实现理想的电隔离。

（3）由于管压降大，导通后的功耗和发热量也大，大功率固态继电器的体积远远大于同容量的电磁继电器，成本也较高。

（4）电子元器件的温度特性和电子线路的抗干扰能力较差，耐辐射能力也较差，如不采取有效措施，则工作可靠性将降低。

（5）固态继电器对过载有较大的敏感性，必须用快速熔断器或 RC 阻尼电路对其进行过载保护。固态继电器的负载与环境温度密切相关，温度升高，负载能力将迅速下降。

（6）固态继电器的主要不足是存在通态压降大（需相应散热措施）、有断态漏电流、交直流不能通用、触点组数少，另外，还存在过电流、过电压及电压上升率、电流上升率等指标差。

98. 固态继电器是怎样分类的？

固态继电器是一种四端组件，其中，两个为输入端，两个为输出端。按固态继电器的封装方式有塑料封装、金属壳全密封封装、环氧树脂灌封及无定型封装等。固态继电器按使用场所可以分成交流型和直流型两大类，直流型固态继电器的外形如图 6-32

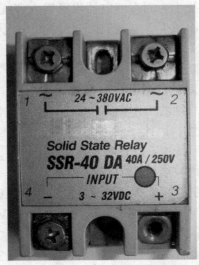

图 6-32 直线型固态继电器外形图

所示。它们分别在交流或直流电源上做负载的开关，不能混用。固态继电器按开关型式可分为动合型和动断型；按隔离型式可分为混合型、变压器隔离型和光电隔离型，以光电隔离型为最多。目前，各种固体继电器使用的输出芯片主要有晶体三极管（Transistor）、单向可控硅（Thyristor 或 SCR）、双向可控硅（Triac）、MOS 场效应管（MOSFET）、绝缘栅型双极晶体管（IGBT）等。

99. 固态继电器的型号及含义是怎样的?

固态继电器的型号及含义如图 6-33 所示。

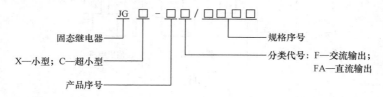

图 6-33　固态继电器的型号及含义

100. 固态继电器的结构是怎样的?

固态继电器由输入电路、驱动电路和输出电路三部分组成，其结构原理框图如图 6-34 所示。其中，直流型内部的开关元件是功率晶体管，交流型内部的开关元件是双向晶闸管。

输入电路（也称为隔离耦合电路），目前多采用光电耦合器和高频变压器两种电路形式。常用的光电耦合器有光—三极管、光—双向可控硅、光—二极管阵列（光—伏）等。高频变压器耦合是在一定的输入电压下，形成约 10MHz 的自激振荡，通过变压器磁芯将高频信号传递到变压器二次侧。功能电路包括检波整流、过零、加速、保护、显示等各种功能电路。驱动电路（也称为触发电路）的作用是给输出芯片提供触发信号。输出电路是在触发信号的控制下，实现固体继电器的通断切换。输出电路主要由输出芯片和起瞬态抑制作用的吸收回路组成，有时还包括反馈电路。

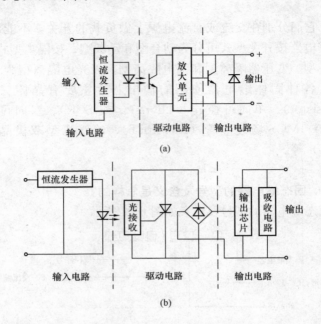

图 6-34　固态继电器结构原理框图

（a）直流固态继电器；（b）交流固态继电器

101. JGX 系列固态继电器的技术数据有哪些?

JGX 系列固态继电器的技术数据见表 6-17。

表 6-17　　　　　JGX 系列固态继电器的技术数据

型号	控制电压（直流）（V）	控制电流（直流）（mA）	输出电流（A）	输出电压（V）		断态漏电流（mA）	外形尺寸（mm）
				交流	直流		
JGX-1F/1FA	3～32	5～10	1	25～220	20～200	1～5	30.5×15.0×15.5
JGX-2F/2FA	3～32	5～10	2	25～380	20～200	1～5	33×25×14.5

型号	控制电压（直流）（V）	控制电流（直流）（mA）	输出电流（A）	输出电压（V）		断态漏电流（mA）	外形尺寸（mm）
				交流	直流		
JGX-3F/3FA			3				33×25×14.5
JGX-4F	3～32	5～10	4	25～380	20～200	1～5	42×25×11
JGX-5F/5FA			5				42×30×20
JGX-7F/7FA	2.5～8.0	12	3	250	60	5	43.2×31.8×15.2
JGX-8FA	10～32	25	0.025	—	30	0.1	
JGX-9FA	250	6.5	0.025	—	30	0.1	
JGX-10F/10FA	3～32	5～10	10、20、40	25～380	20～200	1～5	57×44×23
JGX-11F	3～8	20	15	250	—	—	71×44×21
JGX-12F	3～8	20	2	250	—	5	31×20×18
JGX-50F	3～32	5～10	50	25～380	20～200	1～5	57×44×23
JGX-50FA	4～7	6	3	—	50	0.01	30.0×15.0×14.5
JGX-51FA	4～7	6	5	—	50	0.01	33.0×25.0×14.5
JGX-52FA	4～7	6	10	—	50	0.02	42×30×20

型号	控制电压（直流）（V）	控制电流（直流）（mA）	输出电流（A）	输出电压（V）		断态漏电流（mA）	外形尺寸（mm）
				交流	直流		
JGX-53FA	4～7	6	25	—	50	0.04	57×44×23
JGX-54FA	4～7	6	35	—	50	0.3	
JGX-55F	4～7	15	10	250	—	6	42×30×25
JGX-56F	4～7	40	1	250	—	6	40×30×18
JGX-60F	3～32	5～10	60	25～380	—	1～5	57×44×23
JGX-70F	3～32	5～10	70	25～380	—	1～5	57×44×23
JGX-6M	4～7	6	5	—	50	0.01	43.18×21.84×7.40

102. 选择使用固态继电器时应注意哪些事项？

（1）在选用小电流规格印刷电路板使用的固态继电器时，因引线端子为高导热材料制成，焊接时应在温度低于250℃、时间小于10s的条件下进行，如考虑周围温度的原因，必要时可考虑降低额定电流使用，一般将负载电流控制在额定值的1/2以内使用。

（2）各种负载浪涌特性对固态继电器的选择。被控负载在接通瞬间会产生很大的浪涌电流，由于热量来不及散发，很可能使固态继电器内部可控硅（或其他元件）损坏，所以用户在选用继电器时应对被控负载的浪涌特性进行分析，然后再选择继电器，从而使继电器在保证稳态工作的前提下能够承受这个浪涌电流，选择时可参考各种负载时的降额系数（常温下）。

如所选用的继电器需在工作较频繁、寿命以及可靠性要求较高的场所工作时，则应在降额系数的基础上再乘以 0.6 以确保工作的可靠性。

一般在选用时遵循上述原则，在低电压要求信号失真小情况下可选用场效应管作为输出芯片的直流固态继电器；对交流阻性负载和多数感性负载，可选用过零型继电器，这样可延长负载和继电器的寿命，也可减小自身的射频干扰。如作为相位输出控制，应选用随机型固态继电器。

（3）使用环境温度的影响。固态继电器的负载能力受环境温度和自身温升的影响较大，在安装使用过程中，应保证其有良好的散热条件，额定工作电流在 10A 以上的产品应配散热器，100A 以上的产品应配散热器加风扇强冷。在安装时应注意继电器底部与散热器的良好接触，并考虑涂适量导热硅脂以达到最佳的散热效果。

如继电器长期工作在高温状态下（40～80℃），用户可根据厂家提供的最大输出电流与环境温度曲线数据，考虑降低额定电流来保证正常工作。

（4）过电流、过电压保护措施。在继电器使用时，因过电流和负载短路会造成固态继电器内部输出可控硅永久损坏，可考虑在控制回路中增加快速熔断器和空气开关予以保护（选择继电器应选择产品输出保护，内置压敏电阻吸收回路和 RC 缓冲器，可吸收浪涌电压和提高 dU/dt 耐电压量）；也可在继电器输出端并联 RC 吸收回路和压敏电阻（RV）来实现输出保护。选用原则是 220V 时选用 500～600V 的压敏电阻，380V 时可选用 800～900V 压敏电阻。

（5）继电器输入回路信号。在使用时因输入电压过高或输入电流过大超出继电器规定的额定参数时，可考虑在输入端串联分压电阻或在输入端口并联分流电阻，以使输入信号不超过继电器的额定参数值。

（6）在具体使用时，控制信号和负载电源要求稳定，波动不应大于 10%，否则应采取稳压措施。

（7）在安装使用时应远离电磁干扰、射频干扰源，以防继电器误动失控。

（8）固态继电器开路且负载端有电压时，输出端会有一定的漏电流，在使用或设计时应注意。

（9）固态继电器失效更换时，应尽量选用原型号或技术参数完全相同的产品，以便与原应用线路匹配，并保证系统可靠工作。

103. 什么是功率继电器？功率继电器有什么作用？

功率继电器又称功率方向继电器，在继电器保护装置中通常用作短路的方向判断元件。它实际上是用较小的电流去控制较大电流的一种自动开关，因此在电路中起着自动调节、安全保护、转换电路等作用，广泛应用于自动控制电路中。

104. 功率继电器是如何分类的？

功率继电器按其结构、原理可分为感应型、整流型和晶体管型。

105. 功率继电器是如何判断短路功率方向的？

目前应用较多的整流型功率继电器是通过比较被保护安装处的电压 u 和电流 i 的相位来判断短路功率方向的。绝对值比较功率继电器首先将 u 和 i 转换为电气量 A_1 和 A_2，只比较 A_1 和 A_2 幅值的大小，而与它们的相位无关。当 $|A_1| > |A_2|$ 时，继电器动作；$|A_1| < |A_2|$ 时，继电器不动作。功率继电器动作，必须是在被保护线路正方向短路的时候，继电器的动作才具有方向选择性，因此，可用来判断短路功率方向。

106. LLG-3 型功率继电器的原理是怎样的?

LLG-3 型功率继电器用于电力系统中做相间短路及接地短路时的功率方向判断。它采用整流型绝对值比较原理,由相灵敏回路、移相回路、整流比较回路和执行元件等组成,其原理接线图如图 6-35 所示。输入电流经电抗互感器 L 移相后,输入的电压同相接入相灵敏回路、动作回路、制动回路,并分别经桥式整流后按均压法比较绝对值的大小,从而决定继电器是否动作。图中采用干簧继电器 K,以增加辅助触点的容量。

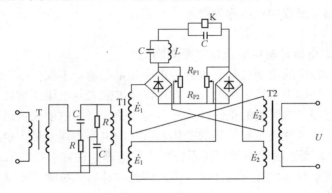

图 6-35　LLG-3 型功率继电器原理接线图

107. 电磁大功率继电器的工作原理是怎样的?

电磁式大功率继电器一般由铁芯、线圈、衔铁、触点簧片等组成。只要在线圈两端加上一定的电压,线圈中就会流过一定的电流,从而产生电磁效应,衔铁就会在电磁力吸引的作用下克服反作用弹簧的拉力吸向铁芯,从而带动衔铁的动触点与静触点(动合触点)吸合。当线圈断电后,电磁的吸力也随之消失,衔铁就会在弹簧的反作用力返回原来的位置,使动触点与原来的静触点(动断触点)吸合。这样吸合、释放,从而达到在电路中导通、切断的目的。大功率继电器线圈未通电时处于断开状态的静触点称为动合触点,处于接通状态的静触点称为动断触点。

第七章

电能计量装置实用技术

1. 什么叫电能计量装置?

由电能表、测量用互感器以及电能表与互感器之间的连接导线三部分组成的整体称为电能计量装置。

2. 电能计量中的误差主要有哪些?

运行中的电能计量装置能否正确计量电能,不仅是电能表的问题,还取决于所采用的计量方式以及电能表与电压互感器、电流互感器二次回路的正确性。一台经校验合格的电能表,运行中由于环境条件或负载性质的变化,引起的电能表误差最大也不超过2%,而二次回路的接线不合理、不正确,往往会造成百分之十几甚至百分之几百的计量差错。因此,计量人员除了要掌握电能表的安装使用方法外,还必须熟悉有关规程对电能计量装置的要求以及各种电能计量方式。

3. 电能计量装置是如何分类的?

运行中的电能计量装置按其所计电能的多少和计量对象的重要程度分为五类进行管理。

(1) Ⅰ类电能计量装置。Ⅰ类电能计量装置是对月平均电量500万 kWh 及以上或变压器容量为 10 000kVA 及以上的高压计费用户、200MW 及以上的发电机、发电企业上网电量、电网经营企业之间的电量交换点、省级电网经营企业之间与其供电企业的供电关口计量点进行计量的电能计量装置。

(2) Ⅱ类电能计量装置。Ⅱ类电能计量装置是对月平均用电量 100万 kWh 及以上或变压器容量为 2000kVA 及以上的高压计费用户、100MW 及以上的发电机、供电企业之间的电量交换点进行计量的电能计量装置。

（3）Ⅲ类电能计量装置。Ⅲ类电能计量装置是对月平均用电量 10 万 kWh 及以上或变压器容量为 315kVA 及以上的计费用户、100MW 以下的发电机、发电企业厂（站）用电量、供电企业内部用于承包考核的计量点、考核有功电量平衡的 110kV 及以上的送电线路进行计量的电能计量装置。

（4）Ⅳ类电能计量装置。Ⅳ类电能计量装置是对负载容量为 315kVA 以下的计费用户及发供电企业内部经济技术指标分析、考核进行计量的电能计量装置。

（5）Ⅴ类电能计量装置。Ⅴ型电能计量装置是对单相供电的电力用户计费的电能计量装置。

4. 各类电能计量装置有哪些技术要求？

（1）准确度等级要求：

1）Ⅰ类电能计量装置应配置 0.2 级有功电能表、2.0 级无功电能表、0.2 级电压互感器、0.2S 或 0.2 级电流互感器（0.2 级电流互感器仅在发电机出口电能计量装置中配用）。

2）Ⅱ类电能计量装置应配置 0.5 级有功电能表、2.0 级无功电能表、0.2 级电压互感器、0.2S 或 0.2 级电流互感器。

3）Ⅲ类电能计量装置应配置 1.0 级有功电能表、2.0 级无功电能表、0.5 级电压互感器、0.5S 级电流互感器。

4）Ⅳ类电能计量装置应配置 2.0 级有功电能表、3.0 级无功电能表、0.5 级电压互感器、0.5S 级电流互感器。

5）Ⅴ类电能计量装置应配置 2.0 级有功电能表，0.5S 级电流互感器。

（2）其他技术要求：

1）Ⅰ、Ⅱ类用于贸易结算的电能计量装置中电压互感器二次回路压降应不大于其二次额定电压的 0.2%，其他电能计量装置中电压互感器二次回路电压降应不大于其二次额定电压的 0.5%。

2）贸易结算用的电能计量装置原则上应设置在供用电设施产权分界处，而在发电企业上网线路、电网经营企业间的联络线路和专线供电线路的另一端应设置考核用电能计量装置。

3）Ⅰ、Ⅱ、Ⅲ类贸易结算用电能计量装置应按计量点配置计量专用电压互感器、电流互感器或者专用二次绕组。电能计量专用电压互感器、电流互感器或专用二次绕组及其二次回路不得接入与电能计量无关的设备。

4）35kV以上贸易结算用电能计量装置中电压互感器二次回路，应不装设隔离开关辅助触点，但可装设熔断器；35kV及以下贸易结算用电能计量装置中电压互感器二次回路，应不装设隔离开关辅助触点和熔断器。

5）安装在用户处的贸易结算用电能计量装置。10kV及以下和35kV电压供电的用户应配置全国统一标准的电能计量柜或电能计量箱。

6）贸易结算用高压电能计量装置应装设电压失电压计时器。未配置电能计量柜（箱）的电能计量装置，其电能表尾端、互感器二次回路的所有接线端子、试验端子应实施铅封。

7）互感器二次回路的连接导线应采用铜质单芯绝缘线。对电流二次回路，连接导线的截面积应按电流互感器的额定二次负载计算确定，至少应为 $4mm^2$。对电压二次回路，连接导线的截面积应按允许的电压降计算确定，至少应为 $2.5mm^2$。

8）互感器实际二次负载应在 25%～100% 额定二次负载范围内，电流互感器额定二次负载的功率因数应为 0.8～1.0；电压互感器额定二次功率因数应与实际二次负载的功率因数接近。

9）电流互感器额定一次电流的确定，应保证其在正常运行中的实际负载电流达到额定值的 60% 左右，至少为 30%。否则，应选用高动热稳定电流互感器以减小电流比。

10）为了提高负载计量的准确性，电能表应选用过载 4 倍及以上规格的电能表。

11）经电流互感器接入的电能表，其标定电流应不超过电流互感器额定二次电流的 30%，其最大额定电流应为电流互感器额定二次电流的 120% 左右。直接接入式电能表的额定电流应按正常运行负载的 30% 左右进行选择。

12）低压供电的用户计费电能计量装置，负载电流为 50A 及以下时，宜采用直接接入式电能表；负载电流为 50A 以上时，宜采用经电流互感器接入式的接线方式。

5. 电能计量是如何分类的？不同类型的计量接线各有什么要求？

按照供电电压的高低，电能计量可分为高压计量和低压计量两种方式。具体采用哪种方式，一般是从供用电的安全、经济出发，并根据电网规划、当地的供电条件、用电的性质、用电容量等各方面的因素确定的。

一般用户用电容量在 250kW 或变压器容量在 160kVA 及以下者，应采用低压方式供电。低压供电单相为 220V，三相为 380V。用电设备容量在 250kW 以上，或变压器容量在 160kVA 以上的用户，应采用高压方式供电。高压供电的电压有 10、35、(63)、110、220、330、500kV 等。

无论采取哪种供电方式，电能计量的接线方式都可分为单相、三相四线制、三相三线制电路有功及无功电能计量。

对于接入中性点有效接地的高压线路的电能计量装置，应采用三相四线有功、无功电能表；接入中性点非有效接地的高压线路的电能计量装置，宜采用三相三线有功、无功电能表。

低压供电线路，其负载电流为 50A 及以下时，宜采用直接接入式电能表；其负载电流为 50A 以上时，宜采用经电流互感器接入的电能表。

对于接入中性点有效接地的高压线路的 3 台电压互感器，应按 Yy 方式接线；接入中性点非有效接地的高压线路的电能计量装置，宜采用 2 台电压互感器，且按 Vv 方式接线。

对三相三线制接线的电能计量装置，其 2 台电流互感器二次绕组与电能表之间宜采用四线连接。

对三相四线制接线的电能计量装置，其 3 台电流互感器二次绕组与电能表之间宜采用六线连接。

6. 感应式单相电能表的外形及结构是怎样的？

感应式单相电能表的外形及结构如图 7-1 所示，其主要组成部分有驱动元件、转动元件、制动元件和计度器。

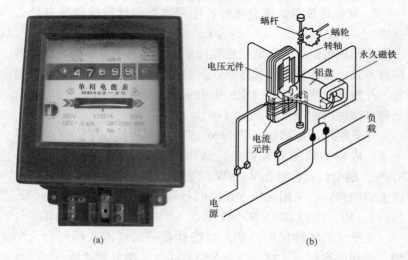

图 7-1　感应式单相电能表
(a) 外形；(b) 结构

（1）驱动元件。驱动元件用来产生转矩，它由电压元件和电流元件两部分组成。电压元件是在 E 字形铁芯上绕有匝数多且导线截面较细的线圈，该线圈在使用时与负载并联，称为电压线圈。电流元件是在 U 型铁芯上绕有两个相串联的线圈，且该线圈匝数少、导线截面较粗，在使用时要与负载串联，称为电流线圈。

（2）转动元件。转动元件由铝盘和转轴组成，转轴上装有传递铝盘转数的蜗杆。仪表工作时，驱动元件产生的转矩将驱使铝盘转动。

（3）制动元件。制动元件由永久磁铁组成，用来在铝盘转动时产生制动力矩，使铝盘的转速与被测功率成正比。

（4）计度器（也称积算机构）。计度器用来

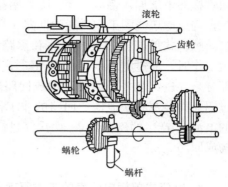

图 7-2　计数器的结构

计算铝盘的转数，实现累计电能的目的，它包括安装在转轴上的齿轮、滚轮以及计数器等。电能表最终通过计数器显示出被测电能的数值。计数器的结构如图 7-2 所示。

7. 感应式单相电能表的电路和磁路是怎样的？

一般感应式单相电能表的铁芯结构如图 7-3（a）所示。电流元件的铁芯和电压元件的铁芯之间留有间隙，以便使铝盘能在此间隙中自由转动。电压元件铁芯上装有用钢板冲制成的回磁板。

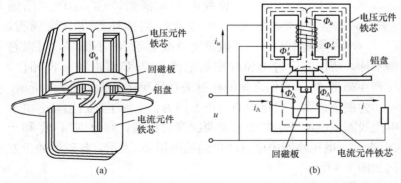

(a)　　　　　　　　　　(b)

图 7-3　感应式单相电能表的铁芯结构及电路和磁路示意图

（a）铁芯结构；（b）电路和磁路

163

回磁板的下端伸入铝盘下部，隔着铝盘与电压元件的铁芯柱相对应，构成电压线圈工作磁通的回路。

感应式单相电能表的电路和磁路如图 7-3（b）所示。电能表工作时，通过电压线圈的电流 i_u 产生的磁通分为两部分，一部分是穿过铝盘并经回磁板构成回路磁通 Φ_u，另一部分是不经过铝盘而经左右铁轭构成回路的非工作通路 Φ'_u。通过电流线圈的电流 i_A 产生的磁通为 Φ_A 两次穿过铝盘，并通过电流元件铁芯构成回路。

8. 感应式单相电能表的工作原理是怎样的？

（1）铝盘转矩的产生。感应式单相电能表的原理接线图如图 7-4 所示，与功率表相似，不同之处是电能表的电压线圈没有串联分压电阻。感应式单相电能表的实物接线图如图 7-1（b）所示。

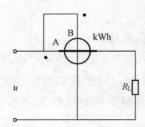

图 7-4 感应式单相电能表的原理接线图

图 7-4 中 A 表示电流线圈，B 表示电压线圈。为讨论方便，设负载的功率因数 $\cos\varphi = 1$。由于电压线圈的匝数多、导线细、感抗较大，可认为是纯电感线圈，所以，通过电压线圈的电流 i_u 比负载电压 u 滞后 90°，i_u 产生磁通 Φ_u；而电流线圈的匝数少、导线粗，其阻抗比负载电阻 R_L 小得多，可以忽略不计，所以，通过电流线圈的电流 i_A 与负载电压 u 同相位，i_A 产生磁通 Φ_A。它们之间的相量关系及变化曲线如图 7-5 所示。

为便于说明，规定磁通的正方向为自上而下穿过铝盘。由于电流线圈中电流产生的磁通要两次穿过铝盘，则分别用 Φ_A 和 $-\Phi_A$ 表示，电压线圈中电流产生的磁通用 Φ_u 表示，各磁通的正方向如图 7-6 所示。

从图 7-5（b）所示的曲线图中可以看出，在 t_1 时刻，通过电流线圈的电流 i_A 正在减小，因此 i_A 所产生的磁通 Φ_A、$-\Phi_A$

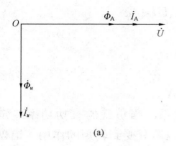 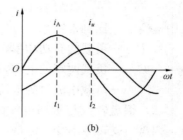

(a)　　　　　　　　　　　　(b)

图 7-5　感应式单相电能表各电流、电压及磁通的关系

(a) 相量图；(b) 曲线图

也同时减少，于是在铝盘中感应出涡流，如图 7-6 中的 i_1 和 i_1'，涡流的方向由楞次定律确定。涡流 i_1 和 i_1' 在 Φ_u 的作用下将产生作用力 F_1，其方向用左手定则可以判定出是指向右边的。而在同一时刻，由于 i_u 正在增大，感应产生的涡流 i_2 在 Φ_A 和 $-\Phi_A$ 的磁场作用下，也产生向右的作用力 F_2 和 F_2'。可见，在 t_1 时刻，由于 i_A 和 i_u 的变化，在铝盘中感应出涡流，而各涡流在磁通作用下都产生顺时针方向的转矩，使得铝盘顺时针转动起来。

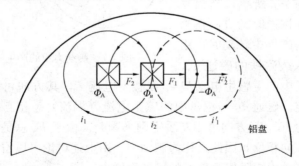

图 7-6　转矩的产生

用同样的方法可以分析出其他各个时刻铝盘所受合成转矩的方向，其结果仍是顺时针方向。由此可见，铝盘所受转矩的方向总是由相位超前磁通 Φ_A 指向相位滞后磁通 Φ_u。

可以证明，铝盘所受平均转矩与负载的有功功率成正比，即

$$M = C_1 P = C_1 UI \cos\varphi$$

式中　　C_1——比例常数；

　　　　P——负载的有功功率，kW；

　　　　U——负载两端的电压，V；

　　　　I——负载中流过的电流，A。

（2）铝盘转数与被测电能的关系。当负载的有功功率一定时，铝盘所受转矩不变。但是，铝盘若只受到转矩的作用，铝盘将会不断地加速运动，以至无法正确计量电能。为了使铝盘在一定负载有功功率下以相应的转速匀速转动，从而正确的反映电能的大小，就必须在铝盘上加一个与转矩大小相等、方向相反的力矩，这个力矩称为制动力矩，一般是通过永久磁铁获得的，此处用 T_z 表示。

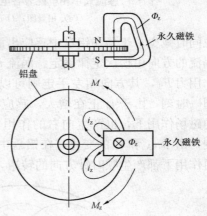

如图 7-7 所示，当铝盘以转速 n 按逆时针方向在永久磁铁的磁场中转动时，铝盘切割永久磁铁的磁通 Φ_z，

图 7-7　制动力矩的产生

并在铝盘中产生感生电动势 e_z 和感生电流 i_z，其方向可用楞次定律确定。磁通 Φ_z 与铝盘中的感生电流（涡流）i_z 相互作用产生作用力 F_z，其方向可用左手定则来判断。由于 F_z 总是和铝盘的转动方向相反，因此又称为制动力。由上述讨论可以看出，铝盘所受制动力矩随铝盘转速的增加而增大，即

$$M_z = Kn$$

式中　　M_z——制动力矩；

　　　　K——比例常数；

　　　　n——铝盘转速。

当制动力矩 T_z 增大到与转矩 M 相等时，$M = T_z$，铝盘即可

匀速转动。

将上面两个式子 $M = C_1P = C_1UI\cos\varphi$ 和 $T_z = Kn$

整理，得

$$C_1P = Kn$$

则得铝盘转速

$$n = \frac{C_1}{K}P = CP$$

式中　C——比例常数。

可见，铝盘的转速 n 与负载有功功率 P 成正比。

再将上式两边同乘以时间 t，可得

$$nt = CPt$$

式中　nt——电能表在时间 t 内铝盘的转数，用 N 表示；

　　　Pt——负载在时间 t 内所消耗的电能，用 E 表示，则

$$N = CE$$

上式说明，在时间 t 内，电能表的铝盘转数与这段时间内负载消耗的电能成正比，因此，可以通过计度器自动累计铝盘的转数，并由计数器显示出被测电能的大小。

由上式可求出电能表常数

$$C = \frac{N}{E}$$

电能表常数是电能表的一个重要参数，一般在电能表铭牌上加以标注，它表示电能表对应于 1kWh 时，铝盘转动的转数。

9. 感应式单相有功电能表的直接接入式接线是怎样的？

感应式单相有功电能表的直接接入式接线如图 7-8 所示。

感应式单相电能表的直接接入式接线按照表尾端子排列的方法可分为"跳线接法"（单进单出）和"顺线接法"（双进双出）两种。顺线接法只有少数进口表采用，国产感应式单相电能表采用的都是跳线接法，如图 7-8 所示。这两种接线方式只是电能表的电源线进线和负载线排列顺序不同，其计量方式是相同的。

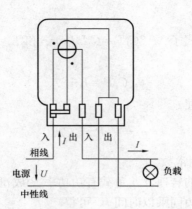

图 7-8 感应式单相电能表直接接入式接线图

电能表的电流绕组应串接在电源的相线上，电压绕组则跨接在电源的相线和中性线之间。

10. 如何计算单相电能？

单相有功功率的表达式为

$$P = UI\cos\varphi \tag{7-1}$$

式中　U——负载两端的电压，V；

　　　I——负载中流过的电流，A；

　　　φ——电压、电流之间的相位差。

11. 感应式单相电能表经电流互感器接入式接线是怎样的？

感应式单相电能表经电流互感器接入式接线如图 7-9 所示。

当电能表的电流量限或电压量限不能满足计量要求时，需经互感器接入，有的只需经电流互感器接入，有的需经电流互感器和电压互感器接入。

采用电流、电压共用方式接线如图 7-9（a）所示，电能表内的电流和电压的连接片不需要打开；如果采用电压、电流分别进表方式接线如图 7-9（b）所示，电流、电压连接片必须打开。从图 7-9 中可以看出，当采用共用方式时可以减少从互感器到电

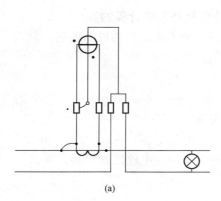 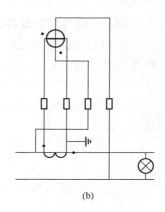

(a)　　　　　　　　　　　　　　　　(b)

图 7-9　感应式单相电能表经电流互感器接入式接线图
（a）电流、电压共用方式接线；（b）电流、电压分别进表方式接线

能表连接导线的数量，采用电流、电压分别进表方式时需增加连接导线的数量。电流、电压共用方式接线是一种不规范接线，这种接线违反了电流互感器二次侧必须接地的原则，因此，此种接线目前已不被采用。采用电流、电压分别进表的接线方式时，电流、电压互感器的二次侧必须分别接地。

12. 电能表型号的含义是怎样的？

D：用在前面表示电能表，如 DD288；用在后面表示多功能，如 DTSD855；

DD：单相，如 DDS288；

DT：三相四线，如 DT862；

DS：三相三线，如 DS862；

F：复费率，如 DDSF855；

Y：预付费，如 DDSY855；

S：电子式（静止式），如 DDS288；

X：无功电能表，如 DX865。

13. 三相四线制电路的有功电能是怎样计算的？

三相四线制电路可以看成由三个单相电路构成的电路，其三相有功功率等于各相有功功率的总和，即

$$P = P_U + P_V + P_W$$
$$= U_U I_U \cos\varphi + U_V I_V \cos\varphi - U_W I_W \cos\varphi \qquad (7\text{-}2)$$

式中　U_U、U_V、U_W——各相相电压，V；

　　　　I_U、I_V、I_W——各相负载的相电流，A；

　　　　　　φ——各相相电压与相电流之间的相位差。

当三相电路对称时

$$U_U = U_V = U_W = U_\varphi$$
$$I_U = I_V = I_W = I$$

式（7-2）可简化为

$$P = 3U_\varphi I \cos\varphi \qquad (7\text{-}3)$$

14. 三相四线制电路有功电能表的接线是怎样的？

三相四线制电路有功电能的计量，应采用三相四线有功电能表。若没有三相四线有功电能表，也可用 3 台单相有功电能表测量三相四线制电路的有功电能，有功电能等于 3 台单相电能表示数的代数和，接线如图 7-10 所示。

以上两种计量方式的接线原则：把电能表的 3 个电流线圈分

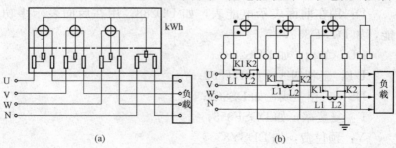

图 7-10　三相四线有功电能表的接线图

（a）三相四线有功电能表的直接接入式接线图；（b）三相四线有功电能表配合电流互感器的接线图

别串入三相电路，电压线圈分别接入相应的相电压。用三相四线有功电能表或 3 台单相有功电能表计量三相四线制电路的有功电能，不论三相电压、电流是否对称，都不会引起线路的附加误差。如果经电流互感器接入电能表接线时，要特别注意电流互感器的极性以及接入电能表的每一相电压和电流的相别是否一致，否则会造成接线差错。

无论采用图 7-10（a）、（b）哪种接线，电源的中性线都必须接入电能表。在三相电路对称时，虽然中性线不接入电能表也能正确计量，但是当三相电路电压和电流都不对称时，如果电能表不接入中性线或中性线断线时，3 个电压线圈虽形成对称星形连接，但相电压中没有零序分量，所以电能表计量功率中不包括零序功率，引起了线路的附加误差。

另外，当电流回路 3 台电流互感器二次回路不是采用单独回线，而是采用一根公共电流回线组成三相四线方式时，一旦公共电流回线断线，而三相电压和电流不对称时，会因电流回路中零序电流没有通路而引起线路附加误差。

经互感器接入式电能表接线时一定要注意电流互感器的极性标志，一次绕组的极性端接电源侧时，二次绕组的极性端一定要接电能表的进线端，互感器的一、二次极性端必须对应，否则会造成重大计量差错。

15. 三相三线电能表适用于什么场合？如何接线？

如果采用额定电压与线电压相同的两只单相有功电能表按照三相三线表两个元件的接线方式接线，也可以计量三相三线制电路的有功电能。这时三相电路的有功电能，是这两只单相有功电能表读数的代数和，所以也叫两表法接线测量，如图 7-11所示。

不过这种方法已经很少采用，只有校验室里用单相标准表校验三相三线有功功率表时才会用到。三相三线有功电能表经互感器接入三相三线制电路时，接线方式也可以分为电压、电流共用

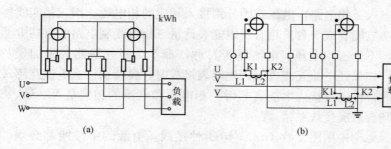

(a)　　　　　　　　　　　(b)

图 7-11　三相三线有功电能表的接线图

（a）三相三线有功电能表的接线图；（b）三相三线有功
电能表配合电流互感器的接线图

方式和分别接入方式。采用电压、电流共用方式虽然接线方便、电缆芯线少，但容易造成接线错误，因电流互感器二次绕组接入电压，很容易发生接地和短路，这种接线方式已不被采用；采用电压、电流分别接入方式虽然增加了电缆的数量，但不容易造成短路故障，而且有利于电能表的现场校验。所以，采用后一种方式比较合适。

在高压三相三线系统中，电压互感器一般是采用 V 形连接，而且在二次侧 V 相接地，电流互感器二次侧必须接地。

16. 如何计算三相三线制电路有功电能？

三相三线制电路可以用三相三线有功电能表计量三相三线制电路有功电能，其接线如图 7-11 所示。

图 7-11 中三相有功电能表，第一元件接入的电压为线电压 U_{UV}，而通入的电流为 I_U，第二元件接入的电压为线电压 U_{WV}，接入的电流为 I_W。三相电路的有功功率为

$$P = \sqrt{3}\, U_l I_l \cos\varphi$$

三相三线有功电能表的第一元件计量功率为

$$P_1 = U_{UV} I_U \cos(30° + \varphi)$$

第二元件的计量功率为

$$P_2 = U_{WV} I_W \cos(30° - \varphi)$$

设负载做星形连接（如果是三角形连接，也可等效变换为星形连接再讨论），三相电路总瞬时功率为

$$p = p_U + p_V + p_W = u_U i_U + u_V i_V + u_W i_W$$

由基尔霍夫第一定律可知

$$i_U + i_V + i_W = 0$$

$$i_W = - i_U - i_V$$

将上述两式整理得

$$
\begin{aligned}
p &= u_U i_U + u_V i_V + u_W i_W \\
&= u_U i_U + u_V i_V + u_W(- i_U - i_V) \\
&= i_U(u_U - u_W) + i_V(u_V - u_W) \\
&= i_U u_{UW} + i_V u_{VW} \\
&= p_1 + p_2
\end{aligned}
$$

结果表明，两功率表测得的瞬时功率之和等于三相总瞬时功率，因此，两表所测瞬时功率之和在一个周期内的平均值等于三相总瞬时功率在一个周期内的平均值，即三相负载的总功率等于两功率表的读数之和，表示为

$$
\begin{aligned}
P &= P_1 + P_2 \\
&= U_{UW} I_U \cos(30° + \varphi) + U_{WV} I_W \cos(30° - \varphi)
\end{aligned}
$$

当三相电路对称时

$$U_{UV} = U_{WV} = U$$

$$I_U = I_W = I$$

$$P = U_{UW} I_U \cos(30° + \varphi) + U_{WV} I_W \cos(30° - \varphi) = \sqrt{3} UI \cos\varphi$$

通过以上推导可知这种计量方式能够正确计量三相三线制电路的有功电能。

17. 测量无功电能有什么意义?

在电力系统中,无功电能的测量对电力生产、输送、消耗过程中的管理是非常重要的。无功功率的平衡是维持电压质量的关键,当无功功率不足时,电网电压将降低;当无功功率过剩时,电网电压将会上升。电压水平的高低直接影响着电网电能的质量,也会影响各类用电设备的安全经济运行。

生产实际中,为了充分发挥发电设备的效率,必须设法提高供电系统的功率因数,以降低系统的无功电能损耗。所以,无功电能的测量对电力部门是十分重要的,供电部门利用无功电能表记录用户每月的无功电量,计算负载的平均功率因数来合理调整用户的无功补偿,并用经济手段来约束用户合理安排无功功率。无功电能表的表尾接线与有功电能表完全相同,但两种表的内部接线不同。

18. 无功电能表的接线是怎样的?

三相无功电能表的接线如图 7-12 所示。

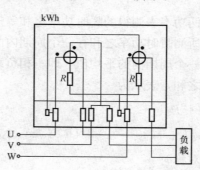

图 7-12 DX865 型三相无功电能表的接线图

19. 三相有功电能表和三相无功电能表与仪用互感器是如何联合接线的?

三相有功电能表和三相无功电能表与仪用互感器的联合接线

如图7-13 所示。

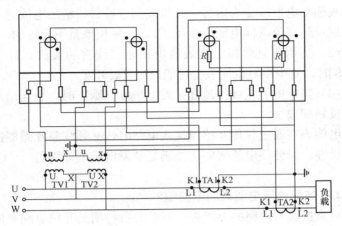

图 7-13 三相有功电能表和三相无功电能表与
仪用互感器的联合接线

20. 电能表的种类有哪些？如何正确选择电能表的量程？

电能表的种类很多，按照其测量对象不同可分为有功电能表和无功电能表，按照其使用的场合不同又分为单相电能表、三相三线电能表和三相四线电能表。

选择电能表的量程时，应使电能表的额定电压与负载额定电压相符，且电能表的额定电流应不小于负载的最大电流。

21. 电能表的接线守则是什么？

电能表的接线和功率表一样，必须遵守"发电机端守则"。通常情况下，电能表的发电机端已在内部接好，接线图印在端钮盒盖的里面。使用时，只要按照接线图进行接线一般不会发生铝盘反转的情况。

22. 电能表在什么情况下会出现反转现象？

（1）装在双侧电源联络盘上的电能表，当由一段母线向另一段母线输出电能改变为由另一段母线向这段母线输出电能时，可能出现反转现象（即电能表接反了），这种现象是不允许的。

（2）当用两只单相电能表测量三相三线有功负载，且 $\cos\varphi$ <0.5 时，其中一只电能表也可能出现反转现象。

（3）当电能表接线没遵守"发电机端守则"时，也会出现电能表反转现象。

电能表在通过仪用互感器接入电路时，必须注意互感器接线端的极性，以便使电能表的接线满足"发电机端守则"。

23. 如何读取电能表的电能值？

对直接接入电路的电能表，以及与所标明的互感器配套使用的电能表，都可以直接从电能表上读取被测电能。而当电能表上标有"10×kWh"或"100×kWh"字样时，应将表的读数乘以10 或 100，才是被测电能的实际值。当配套使用的互感器变比和电能表标明的不同时，则必须将电能表的读数进行换算后，才能求得被测电能的实际值。例如，电能表上标明互感器的电压比是10000V/100V，电流比是 100A/5A，而实际使用的互感器电压比是 10000V/100V，电流比是 50A/5A，此时应将电能表的读数除以 2，才是被测电能的实际值。

24. 对安装电能表有哪些要求？

（1）通常要求电能表与配电装置装在一处。安装电能表的木板正面及四周边缘应涂漆防潮。木板应为实板，且厚度不应小于20mm。木板必须坚实干燥，不应有裂缝，拼接处要紧密平整。

（2）电能表应安装在配电装置的左方或下方，安装高度应在0.6～1.8 m 范围内（表水平中心线距地面尺寸）。

（3）电能表应安装在干燥、无振动和无腐蚀气体的场所。

（4）不同电价的用电线路应分别装表，同一电价的用电线路应合并装表。

（5）电能表安装要牢固竖直。每只表除挂表螺钉外，至少应有一只定位螺钉，使表中心各方向倾斜度不大于1°，否则会影响电能表的准确度。

25. 互感器在电路中起什么作用？

在电力生产、输送、使用过程中，测量高电压、大电流时，为了避免测量仪表和工作人员与高压回路直接接触，常使用互感器把高电压、大电流转换为较低的二次电压和二次电流再进行测量。这样既可以保证人身和设备的安全，又可以使仪表做到小型化、标准化，并且可以利用互感器任意扩大测量范围，提高仪表测量的精确度。

26. 互感器是如何分类的？

互感器分电压互感器和电流互感器。

27. 电压互感器是如何分类的？

电压互感器有单相式、三相三柱式、三相五柱式三种形式，额定电压为35kV以上的电压互感器均制成单相式。无论是单相还是三相，它们的基本工作原理大致相同。

28. 电压互感器有哪几种常用的接线方式？

电压互感器的常用接线方式有以下几种：

（1）2台单相电压互感器不完全星形连接，如图7-14所示。

这种接线方式主要用于中性点不接地或经高阻抗接地的电路中。这种方式既能满足仪表回路所需的线电压，又可以节省1台电压互感器，所以应用比较广泛。但是这种接线只能用于测量线电压，不能用来测量相电压，而且输出的有效容量仅为2台电压互感器额定容量总和的2/3。

（2）三相三柱式电压互感器或3台单相电压互感器星形连接，如图7-15所示。这种接线方式主要用于小电流接地系统的

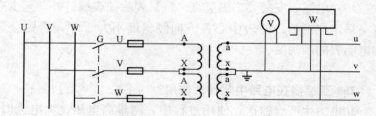

图 7-14 2 台单相电压互感器不完全星形连接图

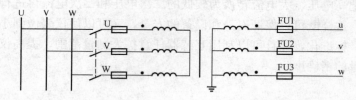

图 7-15 三相三柱式电压互感器接线图

三相电路。高压侧不接地，互感器的一、二次绕组都接成星形，可以用来测量线电压，但在负载不平衡时，可能引起较大误差。

（3）三相五柱式电压互感器的接线，如图 7-16 所示。

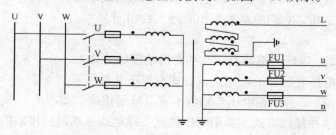

图 7-16 三相五柱式电压互感器的接线图

这种接线方式是把三相电压互感器的一、二次绕组都按星形接线连接。一、二次绕组的中性点分别接地。辅助绕组接成开口三角形，供绝缘监测仪表及保护装置使用。

（4）3 台三绕组单相电压互感器的接线，如图 7-17 所示。

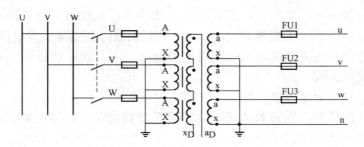

图 7-17　3 台三绕组单相电压互感器的接线图

这种接线的 3 台单相电压互感器的绕组是按相电压设计的，所以不但能够测量线电压，也可以测量相电压。在中性点直接接地的系统中都采用这种接线方式。3 台互感器的一、二次绕组都接成星形，构成零序电压过滤器，供保护继电器使用。辅助绕组的额定电压，用于小电流接地系统的为 $100\sqrt{3}V$，用于大电流接地系统的为 100V。

电能计量管理规程规定，接入中性点绝缘系统的 3 台电压互感器，35kV 及以上宜采用 Yy 方式接线；35kV 以下的宜采用 Vv 方式接线。接入非中性点绝缘系统的 3 台电压互感器，宜采用 YNyn 方式接线，其一次侧接地方式和系统接地方式相一致。

29. 如何正确选择电压互感器?

电压互感器应根据额定电压、准确度等级和接线方式的要求选择，其额定容量则按二次负载来选择。由于电压互感器不会受到主回路短路电流的影响，因此不考虑主回路短路电流热稳定性和动稳定性两项技术指标。

（1）额定电压的选择。电压互感器一次绕组额定电压应大于接入的被测电压的 0.9 倍，小于被测电压的 1.1 倍。

（2）准确等级的选择。电力系统电能计量用的电压互感器应为 0.2 级。

（3）接线方式的选择。应按不同的测量目的选择电压互感器

的接线方式。如果仅仅为了测量有功功率、无功功率可选用图
7-13～图 7-16 的接线方式；如果不但要测量三相电能、线电压、
相电压，还要监视高压电网对地的绝缘状况，就应选择图 7-17
的接线方式。

（4）额定容量的选择。

应按照二次负载消耗的总功率 S 选择电压互感器的额定容
量 S_N，应满足下式要求

$$0.25S_z \leqslant S \leqslant S_N$$

（5）极性检查。电压互感器使用前必须先确定一、二次绕组
的同名端，电压互感器的一次绕组和二次绕组极性端都有明确的
标志，均为减极性关系。

（6）安全接地。互感器有隔离电压的作用，为了保证工作人
员和仪表设备的安全，防止互感器因绝缘损坏等原因造成低压侧
产生高电压，高压互感器的二次侧都应可靠接地，而且一般只能
一点接地。

30. 电压互感器的试验有哪些项目？

电压互感器从设计到成批生产和使用，一般要经过型式试
验、出厂试验、交接和预防性试验。型式试验和出厂试验在产品
出厂前都由生产厂家进行，交接和预防性试验是为保证电压互感
器安全运行和准确计量，在使用前必须进行的试验。

电力系统主要是使用、维护电压互感器，在电压互感器投
入使用前需按照有关规程进行电压互感器检定。检定内容除了
参照出厂试验外，应根据 JJG 314—2010《测量用电压互感器》
规定的条款进行试验。试验的项目主要有：①外观检查；②绝
缘电阻的试验；③工频电压试验；④绕组极性检查；⑤误差
测量。

31. 怎样对电压互感器进行外观检查？

一般应对电压互感器进行以下外观检查：

（1）检查电压互感器有无机械损伤及影响安全运行的缺陷。例如，瓷裙有没有损伤、裂纹，油浸式互感器油面是否正常，有无漏油、渗油现象等。

（2）有没有铭牌或铭牌上有关参数是否齐全。

（3）接线端钮是否齐全，有没有短缺、损坏现象。

（4）多变比互感器不同变比的接线方式是否齐全。

对不符合上述要求的，必须经修复后才能进行试验。

32. 如何对电压互感器进行工频电压试验？

工频电压试验包括工频耐压试验和感应电压试验。进行工频电压试验时，必须严格遵守相关的安全工作规程。

对于不接地（全绝缘）的电压互感器进行工频耐压试验，各电压等级的互感器所施电压值见表 7-1。如进行感应电压试验应施加 2 倍于额定一次电压的电压值。

表 7-1 各电压等级工频试验电压标准值

额定电压 （kV）	出厂试验 （kV）	交接及大修 （kV）	额定电压 （kV）	出厂试验 （kV）	交接及大修 （kV）
6	32	28	35	95	85
10	42	38	110	200	180
20	65	59			

对接地（半绝缘）的电压互感器应进行感应电压试验，其试验电压为互感器额定短时工频耐受电压值。

电压互感器工频耐压试验的接线图如图 7-18 所示。被试品试验时间达到 1min 而不被击穿，即为合格。

电压互感器感应电压试验的接线如图 7-19 所示。

图 7-19 所示电压互感器感应电压试验时将一次绕组开路，在二次绕组施加一个 25～400Hz 的电压，使一次绕组感应出规定的电压值，由于铁芯饱和使励磁电流急剧上升，试验时应监视电流不超过二次绕组导线允许通过的最大电流值。

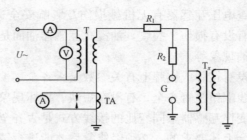

图 7-18　电压互感器工频耐压试验接线图

T—试验变压器；R_1—阻流电阻；R_2—阻尼电阻；

G—保护间隙；T_x—被试互感器；TA—电流互感器

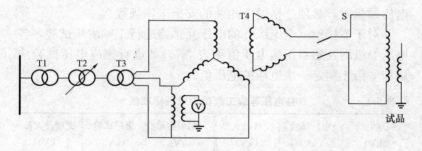

图 7-19　电压互感器 3 倍频感应电压试验接线图

T1—电源变压器；T2—调压器；T3—升压变压器；T4—变压器

　　为了避免励磁电流过大，励磁电压的频率可以高于额定频率，但不得超过 400Hz，当频率大于额定频率两倍时，试验时间 t' 按下式计算

$$t' = t\frac{100}{f}$$

式中　f——实际试验电压频率，Hz；

　　　t——规定的试验时间，s；

　　　t'——试验时间不得少于 20s。

33. 如何检验电压互感器的极性？

　　电压互感器绕组极性规定为减极性。检查电压互感器绕组极性的方法有以下几种：

（1）比较法。利用已知极性的标准电压互感器和互感器试验表来确定被检互感器绕组的极性的方法称为比较法，如图 7-20 所示。

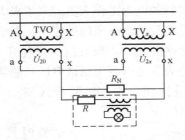

图 7-20　比较法检查电压互感器极性接线图

（2）直流法。使用小量程的直流电压表接在电压互感器二次侧（或一次侧），在一次侧（或二次侧）施加 $1.5 \sim 1.2V$ 直流电压，即可检查电压互感器的极性，如图 7-21 所示。

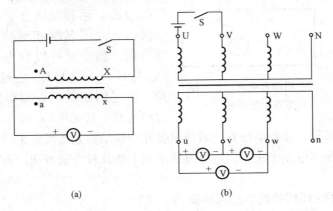

(a)　　　　　　　　　(b)

图 7-21　直流法检查电压互感器极性

(a) 检查单相电压互感器极性；(b) 检查三相电压互感器极性

图 7-21 中当开关 S 接通电源的瞬间，电压表指针向正方向偏转，则电压互感器绕组为减极性，也就是说图中 A、X 及 a、x 的标志是正确的，反之为加极性。开关 S 断开电源的瞬间，电压

表指针偏转的方向应与接通时的方向相反。

采用直流法检查极性时，在电压互感器铁芯上会产生剩磁，对互感器的误差会有影响，所以对于精密互感器一般不采用这种方法。

（3）相位表法。数字相位表问世以后，给从事电力生产和基建安装以及检修试验的电力工作人员带来了极大的方便。使用数字相位表可以任意测量两个电压间的相位、两个电流之间的相位以及电压、电流之间的相位，而且通过量程开关可以改变量程，所以使用数字相位表就可以直接测试电压互感器一、二次电压间相位，来判断其极性和组别，试验接线图如图 7-22 所示。图7-22中 φ 为数字相位表。

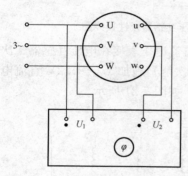

图 7-22　相位表检查三相电压互感器联结组别

试验时按图 7-22 接线后，施加一次电压的大小，应根据该表允许的电压量限确定。接线时应注意相位表的电压接线端子的同名端标志，即有"＊"号的端钮必须和电压互感器的一次、二次同名端相对应，不能接错。测量时可以分别测出 U_{UV} 与 U_{uv}，U_{WU} 与 U_{wu} 之间的相角。当组别正确时，测得的相位应为 0°、120°和 240°。

另外，检查电压互感器绕组极性和联结组别还可以采用交流法，即双电压表法，但这种方法不如上述几种方法方便、直观。

34. 如何校验电压互感器的误差？

计量用电压互感器的误差试验，一般都采用比较法，即通过与被试电压互感器相同变比的标准电压互感器进行比较，测出被试电压互感器的比差和角差。这种方法测得的结果应加上标准互感器的误差，才是被试电压互感器的误差。如果想忽略标准互感器误差，可以选择比被试电压互感器高两个准确度等级的标准电压互感器，并且标准互感器的准确等级不能低于 0.2 级。

由于互感器的二次负载对其误差有一定影响。为了不使标准互感器误差有较大的变化，要求二次实际负载等于所使用的标准互感器额定二次负载，至少与额定负载相差不超过±10％。标准电压互感器二次侧与校验仪之间连接的导线应保证其电压降引起的误差不超过标准电压互感器允许误差的 1/10。

互感器校验仪引起的测量误差，不能大于被试互感器允许误差的 1/10，装置中灵敏度引起的误差不大于 1/20。检定时，外接监视电压互感器二次工作用的电压表准确度等级应在 1.5 级以上，在同一量程所指示值的范围内，电压表的内阻抗保持不变。

在额定频率 50Hz 时，电压负载在额定电压的 20％～120％范围内，周围温度在 10～35℃ 范围内，其有功部分和无功部分的误差均不得超过±3％，当 $\cos\varphi=1$ 时，其残余无功分量不得超过额定负载值的±3％。

电源及调节设备应具有足够的容量和调节细度，波形畸变系数不得超过 5％。只有在检定设备满足以上条件时，才能进行电压互感器的误差试验。用互感器校验仪检定电压互感器的接线图如图 7-23 所示。

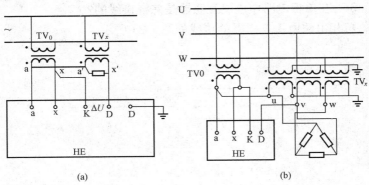

图 7-23 互感器校验仪检定电压互感器接线图

（a）单相电压互感器误差测量接线图；（b）三相电压互感器误差测量接线图

HE—互感器校验仪

接线时标准互感器 TV_0 与被校电压互感器 TV_x 二次侧同名端 a—a′相连接，x—x′之间的电压差 ΔU 经互感器校验仪接线端钮 K 送入互感器校验仪进行比较测量。

在试验前应检查接线是否正确，确认无误后方可调节电压进行试验。

对于一般 0.2 级及以下的电压互感器，每个测量点只需测量电压上升时的误差。0.2 级以上的标准电压互感器，除 120％额定电压测量点仅测电压上升的误差外，其他各测量点还需分别测量电压上升和下降的误差。

一般测量用的电压互感器在额定二次负载、额定功率因数的情况下，误差测量点选 20％、50％、80％、100％、120％，在 1/4 额定二次负载值的情况下只做 100％一个测量点的误差试验。

35. 电流互感器有哪几种常用的接线方式？

经常用到的电流互感器的接线方式有单相电路电流互感器的接线、三相三线制电路电流互感器的接线、三相四线制电路电流互感器的接线。

36. 在单相电路中电流互感器是怎样接线的？

单相电路电流互感器的接线如图 7-24 所示。

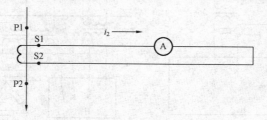

图 7-24 单相电路电流互感器接线图

37. 在三相三线制电路中电流互感器是怎样接线的？

三相三线制电路中采用 2 台电流互感器，接线有两相星形连接和 2 台电流互感器分相接线两种方式。如图 7-25 所示。

图 7-25（a）中 2 台电流互感器两相星形或不完全星形连接、U 相和 W 相电流所接电流互感器的二次绕组分别流过 I_u 和 I_w，它们的公共连线流过的电流为 $I_v = -(I_u + I_w)$ 的回线到 S2。图 7-25（b）中 2 台电流互感器的二次绕组分别流过 I_u 和 I_w，经过各自的回线到 S2，称为三相三线制分相接法。

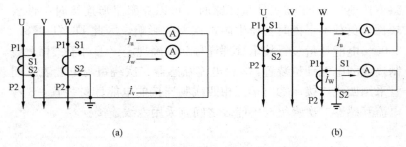

(a)   (b)

图 7-25　三相三线制电路电流互感器接线图

（a）2 台电流互感器两相星形连接；（b）2 台电流互感器分相接线

38. 在三相四线制电路中电流互感器是怎样接线的？

三相四线制电路采用 3 台电流互感器，接线方式有三相星形连接和 3 台电流互感器分相接线两种方式，如图 7-26 所示。

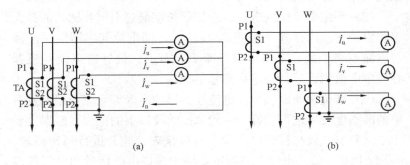

(a)   (b)

图 7-26　三相四线制电路电流互感器接线图

（a）3 台电流互感器三相星形连接；（b）3 台电流互感器分相接线

图 7-26（a）三相四线制电路中采用星形连接的 U、V、W 三

相电流互感器的二次绕组分别流过电流 $\dot{I}_\mathrm{u}$、$\dot{I}_\mathrm{v}$、$\dot{I}_\mathrm{w}$。当三相负载平衡时它们的公共连线流过电流 $\dot{I}_\mathrm{n}=0$，当三相不平衡时，$\dot{I}_\mathrm{n}=\dot{I}_\mathrm{u}+\dot{I}_\mathrm{v}+\dot{I}_\mathrm{w}$。

图 7-26（b）三相四线制分相接法把 3 台电流互感器的二次回路采用分相接法，用于低压回路，可以避免雷击损坏（二次回路不接地）。用于高压计量回路时，可以克服星形连接时中性线较长，负载不平衡时会产生附加误差的影响，因此 DL/T 448—2000《电能计量装置技术管理规程》明确规定：①对于三相三线制接线的电能计量装置，2 台电流互感器二次绕组与电能表之间宜采用四线连接；②对于三相四线制连接的电能计量装置，3 台电流互感器二次绕组与电能表之间宜采用六线连接。

39. 如何正确选择电流互感器？

正确使用电流互感器，除了要考虑电流互感器的用途和使用场所外，主要应根据电流互感器铭牌上标明的各项技术参数正确选用。

（1）额定电压的选择。电流互感器的额定电压应不小于接入系统电压，即 $U_\mathrm{N} \geqslant U_x$。

（2）额定电流比的选择。应按照长期通过电流互感器的最大工作电流 I_{max} 选择其一次额定电流 I_{1N}，即电流互感器的一次额定电流不小于最大工作电流，即 $I_{1N} \geqslant I_{max}$。最好使电流互感器在额定电流附近运行，这样测量更准确。

（3）准确等级的选择。电流互感器的准确等级应根据测量对象的准确度要求进行选择。一般 0.1 级及以上的电流互感器主要用于试验室，或与精密仪器配合进行仪表校验并进行精密测量。0.2 级和 0.5 级的电流互感器主要用于现场电能计量和电气仪表的测量回路，3 级及以下等级的电流互感器则用于继电保护装置。

（4）额定容量的选择。电流互感器额定容量应选择不小于二次侧连接导线和所接测量仪表的总容量，$S_{2N} \geqslant S_2$，否则会影响互感器的准确度。

（5）极性连接正确。连接测量仪表必须注意互感器的极性。安装前必须检查电流互感器的极性，只有极性连接正确，测量仪表才能正确指示。

电流互感器一次绕组和二次绕组之间为减极性关系，其极性标志规定为：一次绕组的出线端首端标为 L1，末端为 L2；二次绕组的出线首端标为 K1，末端为 K2。

（6）二次侧应可靠接地。为了防止电流互感器由于一次绕组与二次绕组之间绝缘击穿时，二次回路串入高压而危及人身安全和损坏设备，电流互感器二次回路必须有保护接地，而且只允许有一个接地点。

运行中的电流互感器严禁二次回路开路。运行中的电流互感器任何时候都不允许开路。因为电流互感器是在短路状态下运行，一旦二次回路开路，二次回路失去去磁作用，一次电流全部用于励磁，使互感器铁芯磁感应强度增加，造成铁芯过热，严重时烧毁互感器。同时，二次回路开路时由于电压互感器二次绕组匝数很多，在互感器二次侧会产生相当高的感应电动势，有时可达几千伏，对人身和设备会造成极大的危害。而且，铁芯中产生的剩磁会使互感器的误差增大，影响计量的准确性。

40. 电流互感器应进行哪些试验？

电流互感器的试验类型与电压互感器相同，包括型式试验、出厂试验、交接和预防性试验。型式试验和出厂试验由生产厂家在产品出厂前按国家标准和要求运行。

交接和预防性试验是保证电流互感器计量准确和安全运行的重要措施。试验的主要项目有：①外观检查；②绝缘强度试验；③介质损失角测试；④油绝缘强度试验；⑤绕组极性试验；⑥伏安特性试验；⑦退磁试验；⑧误差试验。

以上这些试验项目中有些项目，如绝缘强度试验、介质损失角测试、油绝缘强度试验是电流互感器投入运行后保证绝缘良好、安全运行的必测项目，不作为电能计量介绍的内容。本节主要介绍电流互感器的线圈极性、伏安特性、退磁和误差试验的方法。

41. 安装前对电流互感器应进行哪些外观检查？

电流互感器的外观检查内容：①检查互感器外部有无机械损伤；②油浸式互感器油面是否正常，有无漏油、渗油现象；③瓷裙有无损伤、裂缝；④互感器表面应干净；⑤铭牌清楚、参数齐全，各部分标记齐全，接线端钮完整，多电流比的电流互感器在铭牌上应有不同电流比的接线方式。

不符合上述要求者需经修复后方能进行试验。

42. 如何测定电流互感器的绝缘电阻值？

在进行工频耐压试验以前，用绝缘电阻表测量电流互感器各绕组之间和绕组对地之间的绝缘电阻值。使用 500V 绝缘电阻表测量电流互感器一次绕组对二次绕组及对地间的绝缘电阻值应大于 5MΩ，低于此标准者视为不合格。

43. 如何检验电流互感器线圈的极性？

电流互感器线圈的极性规定为减极性，极性试验的方法常用的有以下几种：

（1）直流法。直流法是一种非常简便而常用的测试方法。试验时用两节干电池、开关和一块毫伏表（或用万用表的 mA 挡）即可进行。一般电池是接在电流互感器匝数比较少的一侧，毫伏表接在绕组匝数较多的一侧，接线如图 7-27 所示。

如极性正确，在开关 S 闭合的瞬间，电压表的指针正向偏转。极性不正确时，电压表指针反向偏转。

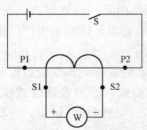

图 7-27　直流法检验电流互感器线圈的极性

（2）比较法。一般互感器校验仪带有极性指示器，标准电流互感器的极性是已知的，当按规定的标记接好线后，一次绕组通电后，如果极性指示器没有指示，则被检互感器的极性标记是正确的；如发现校验仪的极性指示器动作，而又排除是由于变比不对所致，则可确认被检电流互感器的极性相反。

44. 怎样测试电流互感器的伏安特性？

伏安特性试验是检查电流互感器铁芯的磁化特性或一、二次绕组匝间是否有短路现象的简单有效的方法，同类型规格的电流互感器的伏安特性曲线一般都很相似。如果运行中的电流互感器二次绕组发生匝间短路，由于短路电流安匝的去磁作用，在一定的外加电压下，铁芯磁感应强度、磁导率减小，励磁阻抗也减小，所以有较大的电流，在测试伏安特性曲线时，伏安特性曲线与正常情况下的伏安特性曲线就有了明显的差别。

测试电流互感器伏安特性曲线的试验接线和伏安特性图如图7-28所示。

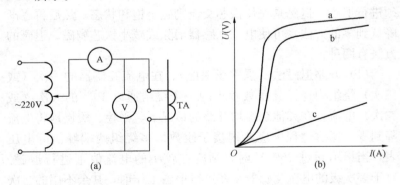

图 7-28　测试电流互感器伏安特性的试验接线和伏安特性图

(a) 接线图；(b) 伏安特性图

做伏安特性试验时，应选择内阻较大的电压表，接在互感器二次绕组的两端，每次试验最好都使用同类型的表计量，以减小测量时的误差。在二次绕组的回路内串入电流表，测试时电压从最小值逐渐升到最大值，读取相应的电流值，中间不要下降，以免由于磁滞的影响而使曲线螺旋上升。测得的伏安特性曲线与互感器的上一次或同类型的互感器的伏安特性曲线进行比较，就能够发现是否有匝间短路。图 7-28（b）中 a、b 曲线是 2 台电流互感器正常时的伏安特性曲线，其中 a 比 b 的容量大，c 是存在匝间短路的电流互感器的伏安特性曲线。从曲线图中可以看出，正常的电流互感器与存在匝间短路电流互感器的伏安特性曲线有很大的差别。对于变比较小的电流互感器，一次绕组有匝间短路时，在二次绕组测得的曲线与正常情况下的伏安特性曲线差别不大，这时还应在一次绕组测量伏安特性曲线进行判别。

45. 如何对电流互感器进行退磁试验？

电流互感器采用直流法检查极性或在大电流下切断电源以及发生二次绕组开路现象后，都会在电流互感器的铁芯中造成剩磁，对互感器的性能和误差造成影响。在进行误差校验以前，必须进行退磁。退磁是先使铁芯交流励磁至饱和状态，然后再逐渐降低到零的方法，可使电流互感器消除或减小铁芯剩磁。退磁的方法有两种：

（1）开路退磁法（强磁场退磁）。在电流互感器的一次（或二次）绕组中选择其匝数较小的一个绕组通以 10% 的一次（或二次）电流，在其他绕组均开路的情况下，平稳、缓慢地将电流降到零。退磁过程中应监视接于匝数最多绕组两端峰值的电压表，当指示超过 2600V 时，则应在较小的电流值下进行退磁。对于多次级的电流互感器，在进行退磁工作前，其余不用的二次绕组均应短路。

（2）闭路退磁法（大负载退磁）。在二次绕组上接一个相当于额定负载 10～20 倍的电阻，对一次绕组通以工频电流，将电流由零增至 1.2 倍的额定电流，然后均匀缓慢地降至零。这样重复 2～3 次，每次施加的电流应逐渐递减。

46. 如何对电流互感器进行误差试验?

(1) 检定条件。

1) 标准电流互感器或其他比较标准器的准确度级别应比被检电流互感器高两级,其实际误差应不超过被检电流互感器误差限值的 1/5,如不具备以上条件也可选用比被检电流互感器高一个级别的比较标准器做标准,在计算被检电流互感器的误差时应把比较标准器的误差考虑在内。

2) 比较标准器的变差(电流上升和下降时两次所测得的误差之差值)应满足规程的要求。

3) 在检定周期内,比较标准器的误差变化不得大于误差限值的 1/3。比较标准器必须具有法定计量检定机构的检定证书。使用时的二次负载与证书上所标的负载之差,不得超过证书上所标负载的 ±10%。

4) 由误差测量装置(通常为互感器校验仪)所引起的测量误差,不得大于被检电流互感器限值的 1/10,其中灵敏度引起的测量误差不大于 1/20,最小分度值引起的测量误差不大于 1/15,差流测量回路的二次负载对被检电流互感器误差的影响不大于 1/20。

5) 为了确定标准二次回路的工作电流,外接监视用的电流表的准确度等级应不低于 1.5 级,而且在所有指示值范围内,电流表的内阻抗应保持不变。

6) 在额定频率为 50Hz,温度为(20±5)℃时,电流负载的有功分量和无功分量的误差在 5%~12%;S 级的误差应在 1%~12% 额定电流范围内,均不得超过额定负载的 ±3%。周围温度变化 10℃时,负载的误差变化不超过 ±2%。

7) 存在于工作场所周围与检定工作无关的电磁场所引起的测量误差,应不大于被检电流互感器误差限值的 1/20。用于检定工作的升流器、调压器、大电流电缆线等所引起的测量误差,不大于被检电流互感器误差限值的 1/10。

8) 检定时环境温度在 10~35℃ 的范围内,相对湿度不大于 85%。

（2）电流互感器的误差检测点及检定顺序。对于一般计量用电流互感器按照 JJG 313—2004《测量用电流互感器的要求》，应在额定二次负载下校验额定电流值的 5%、20%、100%、120%这几点的误差值，在下限负载下校验额定电流的 5%、20%、100%这几点的误差值。

对于做标准用或有特殊使用要求的 0.2S 级和 0.5S 级的电流互感器应在额定二次负载下校验额定电流值的 1%、5%、20%、100%、120%几点的误差。在下限负载下校验额定电流的 5%、20%、100%几点的误差。

检验电流互感器的误差时，上升误差一般是电流从最小值开始由低向高逐步进行，每一个电流测量点只测一次误差。对于 0.2 级以上的电流互感器，当电流平缓地达到最大值后，才缓慢下降测试下降各点的误差。电流的上升和下降都应平稳缓慢地进行。

（3）电流互感器误差测试的方法和步骤。测量电流互感器的误差，国内一般都采用比较法，即用一台标准电流互感器与被测电流互感器相比较，标准互感器的电流比应与被测互感器相同。2 台互感器的二次电流之差就是被测互感器的误差，可以由互感器校验仪测出。具体步骤如下：

根据被测电流互感器的准确度等级和额定电流比，选定标准电流互感器相同电流比时相应的一、二次接线端子。根据被试电流互感器的额定容量或额定二次阻抗，选择电流负载相的负载值为被测互感器的额定值。把标准和被测电流互感器的一次绕组的 L1 端和二次绕组的 K1 端，定为相对应的同名端，然后把标准和被测互感器的一次绕组的同名端连接在一起，并根据不同情况将升流器输出端中的一端接地或通过对称支路（或其他方法）间接接地。相应二次绕组的同名端也连接在一起，使其接近地电位，但不能直接接地。

如图 7-29 所示为用互感器校验仪检定电流互感器的原理接

线图。接线完毕检查无误后，核对校验仪各开关（如量限开关、检流计灵敏度开关、功能开关等）相应的位置。检查调压器是否在零位，完成以上程序后，把测量开关放到"极性"位置上，合上电源、调节调压器，如果百分表在 5A 量限的指示为 10％～20％时，极性指示器动作，则应立即将调压器退回零位，并切断电源，检查接线是否正确。如接线错误，则应改正。如接线正确，就说明被试互感器的极性标志错误或者被试互感器二次开路。极性检查正确后，把测量开关拨至测量位置，在对被试互感器进行退磁、消除剩磁对误差的影响后，即可进行电流互感器的误差测试。

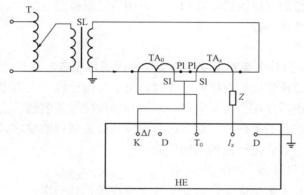

图 7-29　用互感器校验仪检定电流互感器原理接线图

TA_0、TA_x—标准被检电流互感器；T—调压器；

SL—升流器；Z—负载阻抗

　　按照规程规定，要分别在额定负载和下限负载下依次测量各检测点的误差。测量时先调节调压器使百分表指示所需的电流值，按照从小到大依次调节检流计的灵敏度开关，然后转动比值差、相角差两个调节盘，使检流计指零或接近零。当检流计灵敏度开关位置已满足要求，检流计再也无法缩小时说明已调节平衡，比值差盘和相角差盘指示的数值即为互感器的比差和角差。

　　一般互感器校验仪所附晶体管检流计的灵敏度很高，在测量误差时，检流计灵敏度开关应从低到高，按顺序先从比值差盘和相角差盘的第一个盘开始调节，调好后再增大一档检流计的灵敏度，再调第二个盘，然后再增大一档检流计的灵敏度，调节第三个盘，调节时检流计的灵敏度不要太高，只要被调的盘动一下，检流计有明显的指示即可。调完第三个盘后，检流计一般还有几档灵敏度，可以不用，同时检流计的指针不是要求绝对指零，而是接近零，在这时无论比差盘和相角差盘向左或向右转动一下，指针都会上升，则说明平衡。测量完毕后要将灵敏度开关退回到零位。如果采用数字式互感器校验仪进行电流互感器误差测试，可迅速自动地显示出测试结果，免去了反复调正的麻烦。

测得的互感器的比差和角差，还应根据被测电流互感器的准确度等级进行数据化整理。

47. 为什么要对电能计量装置进行现场检查？

经过检修校验合格的电能表，由于长途运输或人为原因等安装到现场后往往会发生电能表故障和错误接线等问题。要保证电能计量装置的准确、可靠，还必须按照有关规程的要求，对运行中的计量装置进行现场周期检验。

DL/T 448—2000 中规定：

（1） Ⅰ类电能表，每 3 个月至少现场检验一次。

（2） Ⅱ类电能表每 6 个月至少现场检验一次。

（3） Ⅲ类电能表每年至少现场检验一次。

对于新装或更换互感器后的电能计量装置都必须在送电前进行不带电的检查接线，送电运行后还要带电检查接线和误差检验，以保证计量的准确。

对于用电量较大的用户，也可以根据具体情况适当地缩短校验周期。对于生产情况正常而电量突然减小或有较大变化的用户，还需及时到现场进行检查核实，查找原因，以便对因电能计量装置故障造成的多计、少计电量及时进行多退少补。发现用户违章窃电，及时按章处理。

48. 对电能计量装置进行现场检验的内容有哪些？

需要现场检验的电能计量装置，都是那些计量大电力用户的电能和发、供电量以及考核线路损耗等经济指标的 I、II 类计量装置，这部分计量装置的数量虽然不算多，但其所计量的电能却要占到整个地区供电量、售电量的 80%～90%。现场检查运行中的电能表，目的就是要保障电能计量的准确性，及时排除运行中的各种故障。

对电能计量装置进行现场检验的内容包括：

（1）实际运行负载下测定电能表的误差。

（2）对运行中的功率表进行比对、核算电能表的倍率。

（3）检查电能表和互感器二次回路的接线是否正确。

（4）考核电量平衡及电能计量装置综合误差的变化情况。

（5）检查有无计量差错和不合理的计量方式。

49. 对电能计量装置接线进行检查的内容有哪些？

电能计量装置的接线检查分两种情况，一种是停电检查，另一种是带电检查。

（1）停电检查是一种安全、可靠的检查方法，是保证计量装置接线正确的基础。在电能计量装置安装竣工以后或检修后重新投入运行之前都要进行现场检查。

停电检查的主要内容如下：

1）互感器的变比和极性试验。对于安装前经过互感器误差试验，并有检定合格证的互感器可以不再进行变比试验，但还应进行互感器的实际二次负载测试和实际二次负载下的互感器的误差测试。

检查核对互感器的极性标志是否正确，一般现场都是采用直流法进行试验。

2）三相电压互感器的组别试验。对于三相电压互感器的联结组别，可采用直流法、交流法或相位表法进行测定。

3）二次回路检查。检查二次回路，一方面是做二次回路的导通试验，另一方面是核对二次接线连接的是否正确，明确各相电压、电流是否对应，电能表、电压互感器、电流互感器的接线有没有差错。同时，还应进行二次导线的绝缘试验，检查各导线之间、导线对地之间的绝缘电阻。一般二次导线的绝缘电阻应不低于 $10M\Omega$。

4）核对端子标记。根据电力系统中一次设备的相色（一般是以黄、绿、红三种颜色来区别 U、V、W 三相的相别）核对二次回路的相别。首先核对电压互感器、电流互感器一次绕组的相别与系统是否相符，然后再根据互感器一次侧的相别来确定二次回路的相别。同时，还应逐段核对从电压、电流互感器的二次端子直到电能表尾之间所有接线端子的标号，做到标号正确无误。

5）检查计量方式是否合理。根据线路的实际情况、用户的用电性质，检查选择的计量方式是否合理。其中包括：

a）电流互感器的变比是否合适，是否经常运行在额定电流的 1/3 以上。

b）计量回路是否与其他二次设备共用一组电流互感器。

c）电流、电压互感器二次回路导线的截面是否符合要求，电压互感器二次回路电压降是否合格，无功电能表和双向计量的有功电能表中是否加装止逆器，电压互感器的额定电压是否与线路电压相符。

d）不同的母线是否共用一组电压互感器，电压与电流互感器分别是否接在变压器不同电压侧的。

（2）带电检查的内容。电能计量装置投入运行后为了保证计量正确还要在带电运行的状态下进行现场检查和试验，检查和试验的主要内容如下：

1）测量三相电压。用电压表测试接入电能表的电压是否齐全，电压互感器一、二次侧是否有断线或互感器的极性反接。检查时，一般是用电压表依次测量二次各相（或线间）电压，然后根据测得的电压值、接线方式、二次负载情况判断接线是否正确。如果测得三相二次电压相等或接近，说明电压互感器没有断线和极性反接的情况，如果三相电压数值不相等，则说明电压回路接线有错误。

2）确定接地点。电力系统中电压互感器和电流互感器的二次侧都要求安全接地，确定是否有安全接地，可将电压表的一端接地，另一端分别接电能表上的三个电压接线端，如果三次测量的电压指示值都是零，说明电压互感器没有安全接地。如果三次测试中电压表两次指示 100 V，一次指示零，则说明指示零的这一相接地。

如果各电压端钮对地电压相近，都指示 $100/\sqrt{3}\mathrm{V}$，则说明三相电压互感器是按 Yy 形连接，二次侧是中性点接地。

用电压表的一端和电能表末接地的电压端钮连接，另一端依次触及电能表的各电流端子，如果电流回路没有断线和有安全接地，电压表应指示 100 V 或 $100/\sqrt{3}\mathrm{V}$。

检查电流互感器接地可以用带夹子的一根短路导线来确定。将导线一端的夹子接地，另一端依次夹电能表的电流端钮，如果电能表转速没有变化，这个端连接的这一根线就是电流互感器接地点；如果表速变化快，则说明 2 台电流互感器的公用连接线断开了。

3）检查相序。用相序表测表尾上三相电压的相序，电能表要求必须是按正相序接入电压。电压正相序时有三种情况：

a）电压顺序为 U、V、W。

b）电压顺序为 V、W、U。

c）电压顺序为 W、U、V。

根据前面已判明的 V 相电压线，就能确定其余两相所属的相别。

4）测电流。用钳形电流表依次测量各相二次电流，正常情况下，各相的电流值应接近（特殊负载情况例外），如果各相电流相位差太大或有的电流等于零，应检查是否有 $\sqrt{3}$ 倍相电流存在，或电流回路有断路和短路情况。

如果用钳形电流表测得电流互感器 Vv 形连接时，I_u 和 I_w 电流值相近，而 I_u 和 I_w 两相电流合并后测试值比单独测试时的电流大 $\sqrt{3}$ 倍，则说明其中有一相电流流向反了，要查找和改正。

5）测量相位。用伏安相位表或其他方法做电能表的相量图，再根据相量图分析判断电能表的接线是否正确，不正确时的接线属于哪一种接线方式。

以前做相量图多采用六角相量图法或相位表法，这两种方法由于使用的仪表较多（有电压表、电流表、功率表或相位表），而且每次测试时都需要把电流表、功率表或相位表的电流线圈串入电流回路，既不安全又不方便。现在使用携带型伏安相位表测定电能表的相位，方法更为简便，操作起来又比较安全，可以很方便地测量两电压之间、两电流之间、电压与电流之间的相角，同时也可以测量电压的相序、电压值、电流值、负载功率因数等。使用时，根据测试的内容只需将携带型伏安相位表的钳子夹住二次电流导线便可以测出二次电流，电压测试线夹子夹住电压端子便可以测出二次电压。该表具有使用方便、一表多用、体积小、质量轻、阻抗高等优点，深受电能表现场检查人员和继电保护人员欢迎。

6）实际运行负载下校验电能表的误差。采用比运行电能表高两个级次的标准电能表，按照试验接线接入电能表回路，在同一负载、同一功率因数的情况下进行电能表实际负载下的误差试验。

由于电能表实际使用时的环境条件和负载情况与室内校验时的情况并不相同，为了避免因环境和工作条件的变化给电能表带来附加误差，造成实际负载下电能表超过误差范围，需要按周期进行电能表的现场误差试验。

以前现场电能表校验电能表，采用的是三相或几台单相标准电能表（回路法），由于感应型标准电能表的准确度等级多为 0.5 级，现在已不再使用。现在使用的大多数是 0.1 级或 0.2 级全电子数字型标准电能表或现场电能表校验装置。现场电能表校验装置一般都具有测量电压、电流、功率、功率因数、相位和自动显示试验电能表误差的功能，只要接线正确，可以很方便地进行电能表的现场校验。

7）核对电能表的倍率。在负载较稳定的情况下，用秒表测定电能表转 N 转所需的时间，然后计算出高压侧的负载功率值，将计算功率值与配电盘上的功率表指示值进行比较。如果相差较大，应该进一步核查互感器的变比是否改变，接线是否正确。

50. 为什么要对电能表进行接线检查和现场误差检验？

由于运行中的电能计量装置都处于带电状态，所以要求从事现场检验工作的工作人员、必须熟悉《电力安全工作规程》的有关规定，具有一定的现场工作经验，并经过《电力安全工作规程》考试合格后才能开展现场工作。现场工作至少应由两人进行，认真做好现场的安全监护工作。

低压计量方式中，电能表大多数是直接接入的，即便是经电流互感器接入，二次回路也比较简单，就是在带电的情况下也可以直接查对接线的情况，有了接线错误容易纠正和发现。

对于高压计量方式，由于三相电能表经过电压互感器和电流互感器接入，使接线变得较为复杂。由于电压、电流互感器和电能表的安装位置相距较远，相互之间都是通过电缆连接在一起，在高压设备带电的情况下查找很不方便。

电能表的错误接线种类很多，除了常见的电压互感器的熔丝熔断，电流互感器二次开路、短路等故障以外，仅电压互感器和电流互感器的不同组合就将近 70 种，而且许多错误查找和分析非常麻烦。所以，带电检查错误接线需要按照一定的顺序，逐步排除一些易发生的差错，把错误接线的范围缩到最小，直到找出接线错误并予以纠正。

51. 带电检查电能表错误接线的方法和步骤是怎样的？

（1）用电压表测量电能表尾端三相电压是否齐全，有无缺相或极性接反的现象。

（2）检查电压接地点并判明 V 相电压。

（3）用相序表测定三相电压的相序，根据前面判明的 V 相电压，确定正相序排列的其他两相电压 U_U、U_W。

（4）用钳形电流表测量电流互感器的二次电流，判断电流回路有无断路、短路或互感器二次侧极性接反的情况。

（5）检查电流接地点，判断 V 相电流是否接入电能表，电流二次侧公用连线是否断开，互感器极性是否接错。

（6）用伏安相位表做相量图，进行接线分析。例如：在某高压用户三相三线电能表尾端用伏安相位表测得以下两组数据：

1）U_{UV}、U_{VW}、U_{WU} 与 I_U 之间的相位角分别为 230°、110°、350°。

2）U_{UV}、U_{VW}、U_{WU} 与 I_W 之间的相位角分别为 290°、170°、50°。

根据以上数据分析电能表错误接线的情况，画出电能表接线的相量图，如图 7-30 所示。

从相量图可以看出，电能表第一元件接入的电流为 $-I_U$，第二元件正确。

错误接线情况：第一元件电流反向流入。

经过以上内容的检查、核对就可以判断电能表的接线是否正确，并且属于哪一种接线方式。如果是错误接线就可以根据相量图决定改正的方法。

在没有伏安相位表或无条件做相量分析的情况下，如果三相电路对称，而且已知电压相序和负载性质（感性和容性），也可以采用力矩法判断电能表的接线是否正确。

力矩法分为两种，一种是断 V 相电压法，另一种是 U、W 相电压置换法。

1）断 V 相电压法：断 V 相电压法原理图如图 7-31 所示。

由两元件三相三线有功电能表的工作原理可知，当三相电压电路对称，电能表接线正确时，第一元件的计量功率为

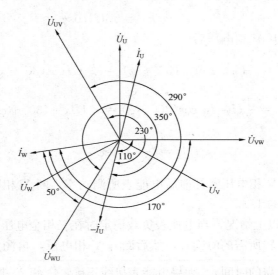

图 7-30 用相量图分析错误接线

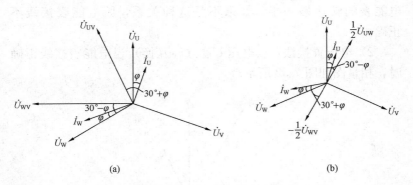

(a) (b)

图 7-31 断 V 相电压法原理图

(a) 断 V 相前相量图；(b) 断 V 相后相量图

$$P_1 = U_{UV}I_U\cos(30° + \varphi) = UI\cos(30° + \varphi)$$

第二元件计量的功率为

$$P_2 = U_{WV}I_W\cos(30° - \varphi) = UI\cos(30° - \varphi)$$

三相总功率为

$$P = P_1 + P_2 = \sqrt{3}UI\cos\varphi$$

当断开 V 相电压后

$$P_1 = \frac{1}{2}U_{UW}\,I_U\cos(30° - \varphi) = \frac{1}{2}\,UI\cos(30° - \varphi)$$

$$P_2 = \frac{1}{2}U_{WU}I_W\cos(30° + \varphi) = \frac{1}{2}UI\cos(30° + \varphi)$$

$$P = \frac{\sqrt{3}}{2}UI\cos\varphi$$

比较 V 相电压断开前后电能表所测功率,断 V 相电压后仅为不断时的 1/2。

根据以上情况,当电能表负载稳定时在三相全电压下测定电能表转 N 转所需的时间 t_b,然后断开 V 相电压,再测定电能表转 N 转所需的时间 t。如果电能表接线正确,$\frac{t}{t_b} \approx 2$,断 V 相后电能表的转速慢一半,如果不是这种关系,原电能表接线不正确。

2)电压置换法:(电压 U_U、U_W 互换)当电能表接线正确时,相量图如图 7-32 所示。

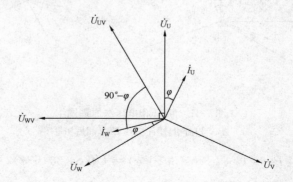

图 7-32 U_U、U_W 电压置换法原理图

$$P = U_{UV}\,I_U\cos(30° + \varphi) + U_{WV}I_W\cos(30° - \varphi) = \sqrt{3}UI\,\cos\varphi$$

当电压 U_U、U_W 互换后

$$P_1 = U_{WV}I_U \cos(90° + \varphi) = -UI \sin\varphi$$
$$P_2 = U_{UV}I_W \cos(90° - \varphi) = UI \sin\varphi$$
$$P = P_1 + P_2 = 0$$

对换 U_U、U_V 后，三相三线电能表两元件转矩大小相等、方向相反，电能表不转。

根据三相三线电能表正确接线情况下，电压 U_U、U_W 互换后电能表不转的特点，在现场采用电压置换法就可以判定原电能表接线是否正确。置换后电能表不转原接线正确，置换后电能表仍然转动，原接线不正确。

用断 V 相电压法，或 U、W 相电压置换法虽然可以判断电能表的接线是否正确，但很难确定是哪一种错误接线，要对错误接线做出正确判断，采用做相量图的方法是最适合的。

52. 对电能表进行现场校验应满足哪些条件？

电能表现场检验应满足以下条件：

（1）电压对额定值的偏差不应超过 $\pm10\%$。

（2）频率对额定值的偏差不应超过 $\pm5\%$。

（3）环境温度应在 $0\sim35℃$ 之间。

（4）通入标准电能表的电流应不低于其标准电流的 20%。

（5）现场负载功率应为实际的经常负载功率，当负载电流低于被检电能表额定电流的 10% 或功率因数低于 0.5 时不宜进行误差测定。

（6）为便于现场检验，在计量用互感器二次回路中，应装设安全可靠的试验端子。

53. 对标准电能表有哪些要求？

（1）标准电能表的基本误差要求不超过其准确等级的 $2/3$，且误差线性要好。

（2）接入标准电能表的电压和电流相序应正确。

（3）接入标准电能表的电压应在额定值的 90％～100％之间，电流应在额定值的 30％～100％之间。

（4）标准电能表在接入实际负载后，预热时间应不少于 15min。

（5）标准电能表和试验端子之间的连接导线应有良好的绝缘，中间不许有接头，并且要有明显的相别和极性标志。

（6）标准电能表电压线路的连接导线及控制开关的电阻和接触电阻之和不大于 0.2Ω，试验用导线应选用截面积不小于 2.5mm² 的多股软线。

（7）试验前标准电能表的水平位置应调好。

54. 单相电子式电能表的结构和原理是怎样的？各部分有什么作用？

电子式电能表测量的有功电能是有功功率与时间的乘积，与感应式电能表一样，交流电路中电压 U 和电流 I 在某一段时间 t 内的电能 W 表达式为

$$W = UIt\cos\varphi$$

电子式电能表的测量是将被测 U 和 I 先经电压输入电路和电流输入电路转换，然后通过模拟乘法器将输入电路转换后的 U_U 和 U_I 相乘，模拟乘法器的增益为 K，乘法器产生一个与 U 和 I 的乘积（有功功率 P）成正比的信号 U_0，即 U_0 与有功功率成正比。再通过 U/f（电压/频率）转换型 A/D 转换器，将模拟量 U_0 转换成与 $UI\cos\varphi$ 大小成正比的频率脉冲输出。最后经计数器累积计数而测得在某段时间 t 内的电能数值。电子式电能表原理框图如图 7-33 所示。

（1）输入变换电路。输入变换电路包括电压变换器和电流变换器两部分，作用是将高电压、大电流变换后送至乘法器。转换后的信号应分别与输入的高电压和大电流成正比。

（2）乘法器。乘法器是电子式电能表的核心，是一种能将两

图 7-33 电子式电能表原理框图

个互不相关的模拟信号进行相乘的电子电路，通常具有两个输入端和一个输出端，是一个三端网络。其输出信号与两个输入信号的乘积成正比。电能表常见的乘法器有霍尔效应乘法器、热电变换型乘法器、时分割乘法器等。

（3）U/f 转换器。U/f 转换器的作用是将输入电压（电流）转换成与之成正比的频率输出。在模/数（A/D）转换中，U/f 转换器是一种常用的电子电路。

（4）计度器。计度器包括计数器和显示部分。计数器可将由 U/f 转换器输出的脉冲加以计数，然后送至显示电路显示。全电子式电能表的显示部分通常采用液晶显示器进行计度。由于感应式电能表取消了仪表转盘，因此也称为静止式电能表。目前电子式电能表也有不少采用的是步进电动机式的机械计度表。

55. 三相电子式有功电能表的原理是怎样的？

三相电子式有功电能表的原理是根据单相电子式电能表的测量原理来进行电能计量的。不同之处是，三相电子式有功电能表是通过两个或三个模拟乘法器，分别将每一相的有功功率运算成与该相的单相有功功率成正比的模拟电压信号，通过模拟加法器将两个电压信号 U_U、U_W 或三个电压信号 U_U、U_V、U_W 相加获得一个相加的和 U_0，模拟电压信号 U_0 与三相有功功率 P 成正比，模拟量 U_0 通过 U/f（或 I/f）转换器转换成数字脉冲输出，经计数器累积计数去驱动计度器，把三相三线电能表数值或三相四线电能表数值显示出来。

56. 单相电子式预付费（IC卡）电能表有什么特点？

单相电子式预付费（IC卡）电能表的用途是计量额定频率为 50Hz 的交流单相有功电能，并实现电量预购功能。它是一种采用先进的固态集成技术制造的新产品，其特点是高精度、过载能力强、功耗低、体积小、质量轻。供电部门可通过计算机售电管理系统对用户预购的电量进行预置，并经电卡传递给电能表。它还可按需要储存用户表的出厂表号、电能表常数、计度器初始值、用户地址、姓名等，以便于进行系统管理。该电能表具有数据回读功能：当电卡插入表内，电能表正确读取数据后，能够将表内总电数、本次剩余电量、上次剩余电量、总购电次数等数据回读到电卡中，便于供电部门与用户进行信息传递，保护供、用电双方的利益。该电能表还具有自动计算用户消耗电量、停电时表内数据自动保护、最大负载控制等功能。

单相电子式预付费（IC卡）电能表采用 6 位计度器显示总消耗电量，其中前 5 位为整数位（黑色），第 6 位为小数位（红色），窗口示数为实际用电量，另用四位数码管显示所购电量和剩余电量（0～9999kWh）。电卡作为媒介，由供电部门设置密码，保证了用户电卡只能自己使用而不能换用，电卡可反复使用 1000 次以上。表内的电卡插座与表内通过的市电完全绝缘，以保证用户使用电卡时的安全。

单相电子式预付费（IC卡）电能表的准确度等级为 1.0 级，额定电压 220V，额定电流有 2（10）A、5（25）A、10（50）A、20（100）A 等多种规格。

57. 单相电子式预付费电能表的工作原理是怎样的？

单相电子式预付费电能表包括两个功能系统：测量系统和单片机处理系统。测量系统是一块单相电子式电能表，其工作原理为：由分压器完成电压取样，由取样电阻完成电流取样，取样后的电压、电流信号由乘法器转换为功率信号，经 U/f 变换后，由步进电动机驱动计度器工作，并将脉冲信号输入单片机系统。

用户在供电部门交款购电，所购电量在售电机上被写进用户电卡，由电卡传递给电能表，电卡经多次加密可以保证用户可靠地使用。当所购电量用完后，表内继电器将自动切断供电回路。

58. WDS-100 系列单相电子式电能表的原理框图是怎样的？

WDS-100 系列单相电子式电能表的原理框图如图 7-34 所示。

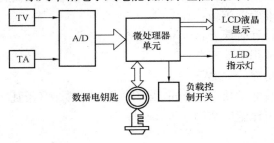

图 7-34　WSD-100 系列单相电能表原理框图

59. WDS-100 系列单相电子式电能表有什么特点？

WDS-100 系列单相电子式电能表是全电子式仪表，由专用的集成电路完成数据的计算处理，寿命长达 15 年，数据安全可靠，工艺先进，现场运行可靠性高，低温特性好，现场运行极限温度可达-10～50℃，过载能力强。该电能表有 220V/5(10)A、220V/10(40)A 和 220V/20(80)A 等规格。

60. WDS-100 系列单相电子式电能表有哪些功能？

WDS-100 系列单相电子式电能表具有预付费功能，通过它可以实现先购电、后用电的管理模式。有较强的电能测量功能，能记录并显示迄今为止所有有功电能，记录保留前 3 个月累计使用的有功电能，记录并显示至上月底累计使用的有功电能；有多种时段控制功能，通过百年日历可进行年、闰年、月的自动转换，能显示年、月、日、时、分、秒，并可对时间进行调校；可预置用户代码和费率；配合复合开关，能实现过载自动保护、短路保护、购电量用完后自动跳闸；有多种抄表功能，如可抄录前3个月累计使用的有功电能、最近一次断电的时间、累计使用的有功电能、剩余购电金额、日期时间、上次抄表至本次抄表期间的断电次数；具有检错功能等。

61. WSD-100 系列单相电子式电能表的技术数据有哪些？

（1）准确度等级：1.0。

（2）日计时误差：0.3s/天。

（3）备用电池寿命：＞3 年。

（4）功耗：＜2W。

（5）脉冲常数：100imp/kWh［脉冲个数/（千瓦·时）］。

（6）工作温度范围：－10～50℃。

62. DDS288 型单相电子式电能表的用途和特点是怎样的？

DDS288 型单相电子式电能表是采用专用大规模集成电路以及 SMT 先进技术制造的国内电能表的最新产品，其特点是能防窃电、线性好、精度高、可靠性高、功耗低、体积小、质量轻、负载范围宽，其用途是供计量频率为 50Hz 的交流 220V 单相有功电能。极限工作温度为－45～60℃，准确度等级有 1.0 和 2.0 两种。

63. DDS288 型单相电子式电能表有哪些规格？

DDS288 型单相电子式电能表的规格见表 7-2。

表 7-2　　　　　　DDS288 型单相电子式电能表的规格

型号 \ 规格	准确度等级（级）	额定电压（V）	额定电流（A）
DDS288	1.0	220	1.5（6）、2.5（10）、5（30）、10（40）、20（80）
	2.0		

64. DDS288 型单相电子式电能表的主要参数有哪些?

（1）电能表常数有 6400imp/kWh、3200imp/kWh、1600imp/kWh、800imp/kWh 四种，详见铭牌。

（2）启动性能：电能表在额定电压、额定频率及功率因数为 1 的条件下，当负载电流为 0.4%（1.0 级）额定电流 I_b 或负载电流为 0.5%（2.0 级）额定电流 I_b 时，电能表应启动并连续记录。

65. DS288 型单相电能表的结构有什么特点?

DS288 型电能表的外壳采用阻燃 ABS 材料制造，接线端子座采用酚醛树脂制造；所有电子元件都安装在 PCB 上，步进电动机带动计度器工作，黄铜接线端子连在锰铜分流器上；铭牌固定在表盖内置于计度器和 PCB 上方，表盖用 4 只螺钉固定，其中一只可加铅封；端子盖用一种特制的螺钉将接线端子座覆盖固定，其上可加铅封。DDS228 单相电子式电能表的外形如图 7-35 所示。

图 7-35　DDS288 单相电子式电能表的外形

66. DDS288 型单相电子式电能表的工作原理是怎样的？

用户所消耗的电能，通过对分压器和分流器上的信号取样，送到乘法器电路，乘积信号再送到 U/f 变换器，经分频电路输出脉冲去驱动步进电动机，带动计度器累计电量。

67. DS288 型单相电子式电能表的接线方法是怎样的？

接线方法应按照电能表端子盖内的接线图连接。

（1）直接接通（1、3 进线）的连接方法如图 7-36 所示。

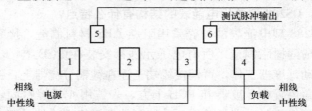

图 7-36　直接接通（1、3 进线）的接线图

（2）直接接通（1、2 进线）的连接方法如图 7-37 所示。

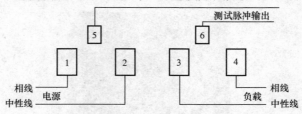

图 7-37　直接接通（1、2 进线）的接线图

68. 怎样安装单相电子式预付费电能表？

（1）电能表在出厂前经检验合格并加以铅封后，即可安装使用。

（2）安装表的底板应固定在坚固的耐火墙上，建议安装高度为 1.8m 左右。由于该表对外部环境要求较高，因此要求环境温度应在 $-25\sim70℃$，相对湿度不超过 85% 的环境中，且要求周围空气中无腐蚀性气体。

（3）电能表应按接线图接线，最好用铜线引入引出，其接线图如图7-38所示。

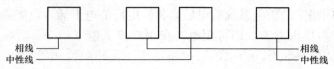

图7-38　单相电子式预付费（IC卡）电能表的接线图

（4）电能表计度器前5位数为整数位，第6位数为小数位（红色），窗口指示数为实际用电量。

（5）用3只M5螺钉或木螺钉把表固定在一块定做的铁板或木板上，然后安装在表箱内。

（6）外形尺寸为156mm×110mm，安装尺寸为118mm×88mm，如图7-39所示。

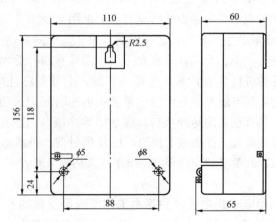

图7-39　单相电子式电能表外形尺寸及安装尺寸图

69.怎样正确使用单相电子式预付费电能表？

单相电子式预付费（IC卡）电能表的外形如图7-33所示。在电能表的标牌上，装有红色功率指示灯用以指示用户用电状况。用电负载功率越大，该指示灯闪亮的频率越快，反之越慢；当用户不用电时，该指示灯可停在常亮或常灭状态下；用电恢复后，该灯继续随负载功率的大小而闪亮。用户携带电卡到供电部门指定的售电系统购电后，将购电后的电卡插入电能表，保持 5s 后拔出电卡，即可用电。在用户拔下电卡约 30s 后，电能表进入隐显状态。当电能表电量小于 10kWh 时，电能表由隐显变为常显状态，提醒用户电量已剩余不多。当用户电量剩至 5kWh 时，电能表断电报警，此时用户将电卡重新插入表内一次，可继续使用 5kWh 电量，此功能用于再次提醒用户及时购电。

70. 三相电子式电能表有什么特点？

目前三相电子式电能表的型号较多，这里仅以 DSSD331-1 型和 DTSD341-1 型电子式电能表为例进行简要介绍。DSSD331-1 型和 DTSD341-1 型电子式电能表的特点有：①采用大规模专用集成电路和 SMT 电子联装生产工艺；②可同时计量正、反向有功电量，感、容性无功电量，正、反向有功最大需量；③具有四种费率；④内部具有时钟芯片进行分时计量，可提供本月、上月和总计用电信息，同时具有为防窃电服务的失电压电量和失电压时间记录功能；⑤在接口方面，具有校表用脉冲接口，远动用脉冲接口，抄表用数据通信接口，参数设置、抄表电卡接口，以及预付费、负载监控用继电器输出接口；⑥都是适应性很强的电子式多功能电能表。

71. 三相电子式电能表的基本工作原理是怎样的？

DSSD331-1 型和 DTSD341-1 型电子式电能表由电压、电流互感器，高精度、高速度的专用模/数（A/D）转换器，电能表计量专用集成电路，日历时钟，不易挥发数据存储器，开关量接口，数据通信接口，高性能开关电源等电路模件构成。电压、电流模拟信号通过互感器、A/D 转换器等信号处理电路后，进入专用集成电路进行电能的计算和各项分析处理，其结果保存在数

据存储器中，并随时向外部接口提供信息和进行数据交换。三相
电子式电能表的工作原理框图如图 7-40 所示。

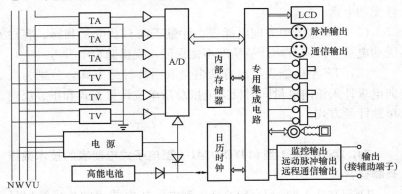

图 7-40 三相电子式电能表工作原理框图（以三相四线表为例）

72. DSSD331-1 型和 DTSD341-1 型电子式电能表有哪些规格？

DSSD331-1 型和 DTSD341-1 型电子式电能表的规格见表 7-3。

表 7-3　　　DSSD331-1 型和 DTSD341-1 型电子式电能表的规格

规格 表型	型　号	额定电压 （V）	额定电流 I_b （A）	准确度等级
三相三线 电能表	DSSD331-1 （TH、TF）	3×100	3×1（2） 3×1.5（6）	有功：0.5 级 或 1 级 无功：2 级
三相四线电能表	DTSD341-1 （TH、TF）	$3\times220/380$	3×5（6）	
		$3\times57.5/100$	3×5（20）	

73. DSSD331-1 型和 DTSD341-1 型电子式电能表有哪些基本类型？

DSSD331-1 型和 DTSD341-1 型电子式电能表有两大类型，

即 TH 型和 TF 型。

（1）TH 型为双方向电能表，计量正、反有功电量和感、容性无功电量。

（2）TF 型为单方向电能表，计量正向有功电量和感、容性无功电量，反向有功计量精度不做保证，仅供防窃电参考。

（3）TF 型电能表反向有功电量有两种计量方式，分别为反向电量计入正向电量同时反向电量总量单位计量方式和正、反向单独计量方式。

74. DSSD331-1 型和 DTSD341-1 型电子式电能表的技术数据有哪些？

DSSD331-1 型和 DTSD341-1 型电子式电能表的技术数据见表 7-4。

表 7-4　　　　　　DSSD331-1 型和 DTSD341-1 型
电子式电能表的技术数据

项　　目	技　术　指　标
脉冲常数	DSSD331(3×100)V 型和 DTSD($3 \times 57.7/100$)V 型为 5000imp/kWh，DTSD341($3 \times 220/380$)V 型为 2000imp/kWh，额定电流 $3 \times 5(20)$A 的电能表脉冲常数为 600imp/kWh
频率	50Hz
时钟误差	≤0.5s/天
平均无故障工作小时	≥6×10^4h
功耗	≤2W，4VA
环境温度	$-10 \sim 50$℃
极限温度	$-35 \sim 65$℃
环境湿度	＜75％
产品设计寿命	＞10 年
后备电池寿命	≥5 年，连续工作时间不小于 2 年

项　目	技　术　指　标
电量脉冲输出参数	脉宽：（80±10）ms，电流不大于 15mA 电压：DC 5～24V（由外部提供）
报警、跳闸继电器参数	AC 250V，DC 220V，0.5A
外形尺寸（长×宽×厚）	287mm×170mm×92mm
单机净质量	2.8kg

75. DSSD331-1 型和 DTSD341-1 型电子式电能表有哪些功能？

（1）分时计费功能。DSSD331-1 型和 DTSD341-1 型电子式电能表为四费率分时电能表，四种费率分别称为尖峰、峰、平、谷。两种电能表均可记录和保存在四种费率下的正、反向有功电量和感、容性无功电量。费率时间的划分以年为周期，一年内可划分为几个时区（季节），每个时区内又可以按一天 24h 的时间划分为若干个时段，每个时段唯一对应一种费率。时区、时段的数量仅受电能表内部存储单元的限制，以一个时区或一个时段为一个存储单元，表内为时区、时段准备了 200 个存储单元。

（2）按月统计数据功能。为了用电管理方便，两种电能表除给出总计电量和总计分时电量外，还给出了本月和上月的用电总量和分时电量。其中，上月电量主要用于用电收费，为上月的绝对值；本月电量用于监测用电情况。"月"的概念与公历中的"月"有所不同，它可以是公历月的任意一日至下个公历月的相同日（此日称为结算日，结算日也可以是公历的月底）。

（3）记录失电压与电压合格率。

1）记录失电压。当接入电能表的电压、电流中的某相或某两相有电流，而电压值低于 $76\%U_N$（U_N 为电能表的额定电压）时，电能表判断此时有失电压现象，将记录这相的失电压累计时间和失电压期间电能表所走电量及总的失电压累计时间，同时，电能表液晶屏上有相应的字母闪烁，"失压"两汉字点亮，提示此时有失电压。当有两相同时失电压时，总的失电压累计时间中只累加一相的失电压时间。对三相三线表，"B"相失电压指"B"相（中性线）开路的情况，此时电能表所走的电量计入两相失电压期间电量。电能表可以记录最近 5 次的失电压起始、恢复时间及失电压前 1min 的平均功率，记录的失电压数据可通过 RS-485/RS-232 串行通信方式清除或专用电钥匙（失电压记录清零钥匙）清除。

2）记录电压合格率。用户可以通过电能表的"串行通信接口"设置"合格电压范围"及"电压考核范围"值。

当接入电能表的电压超过所设置的合格电压范围的电压上限值或低于电压下限值而又在电压考核范围内时，电能表将分别记录超过上限或低于下限的不合格运行时间及总的运行时间。所记录的电压合格率数据可通过 RS-485/RS-232 串行通信方式抄读或清除。

（4）事件记录功能。两种电能表可记录 10 项事件的发生次数及最近 5 次发生的时间；失电压起始及恢复、掉电、编程、跳闸、报警及跳闸远程解除、购电、总清零、设置初始电量、清最大需量。

（5）电量冻结功能。为方便用户查看电能表在某一时刻的电量，两种电能表可以以电量冻结的方式对用电以来至某一时刻电能表所记录的总、尖峰、峰、平、谷的正向有功、感性无功、容性无功、反向有功电量进行冻结（备份）及记录冻结时的时间（月、日、时、分）。

（6）硬件故障报警功能。两种电能表可以记录电池工作连续时间，并对电能表出现如下故障时进行报警提示：A/D 转换器坏、内卡坏、时钟坏、电池工作时间超过 6 年。

（7）具有 RS-232/RS-485 串行通信接口，这两种接口用于数据抄表和参数设置。其中，RS-232 接口用于一对一单机通信，RS-485 接口用于一对多的多机通信。

（8）具有负载管理接口，该接口有两个可供选用的继电器输出接口。其中，一个称为报警信号输出，另一个称为跳闸信号输出，这两个输出用于实现预付电费（电量）控制、超功率负载管理或 RS-485/RS-232 远程立刻报警、跳闸控制。

76. 怎样正确安装电子式电能表？

DSSD331-1 型和 DTSD341-1 型电子式电能表的安装尺寸如图 7-41 所示。图 7-41 中上部有 2 个挂钩处，使用电能表附件中的 M6 挂钩螺钉；图 7-41 中下部有 2 个安装孔，使用电能表附件中的 M4 自攻丝螺钉。

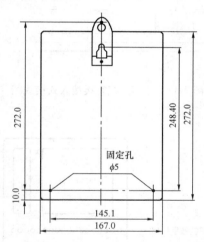

图 7-41　DSS331-1 型和 DTSD341-1 型
电子式电能表的安装尺寸图

77. DSSD331-1 型和 DTSD341-1 型电子式电能表的主端子接线是怎样的？

DSSD331-1 型和 DTSD341-1 型电子式电能表的端子盖里面，贴有如图 7-42～图 7-44 所示的主端子标签，接线时，可根据电能表的型号及主端子标签进行接线。

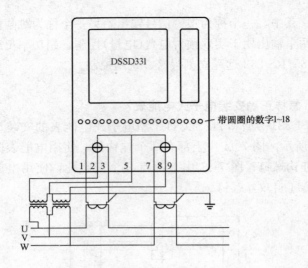

图 7-42　三相三线直接接入式接线图

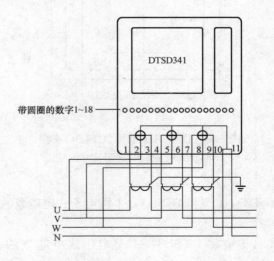

图 7-43　三相四线带电流互感器接入式接线图

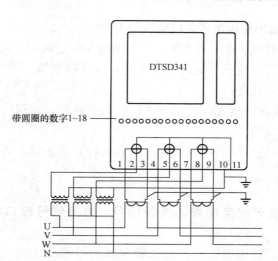

图 7-44　三相四线带电压、
电流互感器接入式接线图

78. DSSD331-1 型和 DTSD341-1 型电子式电能表的辅助端子标签及接线是怎样的?

在电能表主端子上方，有 18 孔的辅助端子。在电能表上盖的端部，贴有如图 7-45 所示的辅助端子标签，指示电能表的脉冲输出类型及项目、通信方式、监控功能和其在辅助端子上的接线位置。标签中，在"□"中记有"×"或"√"时，表示电能表所具有的功能及其在辅助端子上的接线位置。用户接线时，要根据电能表上给定的端子标签内容进行接线。

图 7-45　辅助端子标签

79. 如何更换电子式电能表的电池?

时钟电池装在电能表内,当电池使用一定时间,液晶屏中电池图案闪烁,提示电池已欠电压时,需更换电池。更换电池时,要注意如下几点:

(1)须在电能表有电正常运行状态下进行,以保持电能表内时钟的连续性。

(2)电池换好后,应检查电能表时钟是否正确,否则,须校对时钟。

80. 电子式电能表的报警信号、跳闸信号接口接线是怎样的?

当用户所用电能表具有报警与跳闸可选功能时,如图 7-43 所示,在辅助端子的第 15～18 孔中通过继电器分别引出跳闸和报警信号接口引线。继电器状态为动合。

81. 电子式电能表有哪些显示内容?

(1)液晶屏显示内容及符号说明。DTSD341(DSSD331)-1 型电子式电能表采用大屏幕液晶显示器显示各种计量数据和功能,通过屏幕上的组合汉字及相关符号可提示显示内容。显示方式有手动显示和自动循环显示两种,其液晶屏内容如图 7-46 所示。

图 7-46　液晶屏

说明如下:

1)汉字的不同组合显示电能表功率和计量内容。

2)"8888∶88∶88"可显示各种电量和各种数据等。

3)椭圆形画面 称为"小火车"，它由 10 个线段组成。正向用电时，10 个线段顺时针循环显示，反向用电时，逆时针循环显示。每循环一周，表示电能表累计 0.01kWh 电量，即小火车每前进一段，电能表累计 1Wh 电量。液晶屏下面的"88"称为数据代码识别区，用于显示表内各项数据的标识码。

4) 为表内备用电池图案，用于电池电压的监测。当电池电压不足 3.0V 时，该图形闪烁，提示用户及时更换电池，以免在停电时，表内时钟停止工作。

5) 为电钥匙图案。电能表选定预付费功能时，当剩余电费(电量)低于限额时，此图形闪烁，提示用户及时购电。"ABC"为三相电源中相应的失电压标志，当有其中一相失电压时，相应相的字母闪烁，同时"失压"两汉字显示。"逆相序"、"超功率"分别在电能表接线为逆相序时、当前功率超功率限额时闪烁显示。

(2)按钮使用及画面显示内容说明

在循环显示状态下，按动电能表上如图 7-47 所示的 3 个按

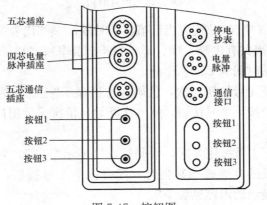

图 7-47 按钮图

钮，可进行按钮切换显示。其中，1、3号按钮用于切换显示主项内容，2号按钮用于切换显示主项中的分项内容。

1)1、2号按钮的配合使用及显示内容：

a)按下1号按钮1次，代码标志区显示"＿1"，同时液晶屏上显示电能表当前日期。

b)按下1号按钮2次，代码标志区显示"＿2"，同时液晶屏上显示电能表当前日期。

c)按下1号按钮3次，代码标志区显示"＿3"，为当日时段集合，再配合按下2号按钮，从0次开始，依次显示当日用户设置时段。如：按下1号按钮3次后，再按下2号按钮2次，电能表显示当日的第3个时段，画面如图7-48所示。

图7-48　当日时段

图7-48中"002"代表当日第3个时段，"平"代表第三个时段费率(电能表共有尖峰、峰、平、谷4个费率)；"23：57"表示第三时段开始时间为23时57分。

d)按下1号按钮4次，代码标志区显示"＿4"，为全年时区集合，配合按下2号按钮，从0次开始，依次显示用户设置的全年时区。

e)按下1号按钮5次，代码标志区显示"＿5"，为实时功率及用户所设的电能表参数集合，配合按下2号按钮，从0次开始，依次显示的内容见表7-5。

表 7-5　　　　　　"＿5"主页下显示的分项内容

序号	显　示　内　容	序号	显　示　内　容
00	当前有功功率(kW)	11	C相电压运行时间(min)
01	当前无功功率(kvar)	12	A相电压运行超上限时间(min)
02	通信表号(用于 RS-485/RS-232 通信地址)	13	B相电压运行超上限时间(min)
		14	C相电压运行超上限时间(min)
03	A相电压(V)	15	A相电压运行低于下限时间(min)
04	B相电压(V)	16	B相电压运行低于下限时间(min)
05	C相电压(V)	17	C相电压运行低于下限时间(min)
06	A相电流(A)	18	合格电压上限(V)
07	B相电流(A)	19	合格电压下限(V)
08	C相电流(A)	20	电压考核范围上限(V)
09	A相电压运行时间(min)	21	电压考核范围下限(V)
10	B相电压运行时间(min)		

　　例如：按下1号按钮5次，再配合按下2号按钮一次，液晶画面如图 7-49 所示，其中"尖峰"表示当前功率时段。

图 7-49　当前无功功率

　　f）按下1号按钮6次，代码标志区显示"＿6"，为最大需量出现时间集合，配合按下2号按钮，从0次开始，依次显示的内容见表 7-6。

表 7-6 "＿6"主页下显示的分项内容

序号	显 示 内 容	序号	显 示 内 容
0	本月正向尖峰最大需量出现月日时分	10	上月正向尖峰最大需量出现月日时分
1	本月正向峰最大需量出现月日时分	11	上月正向峰最大需量出现月日时分
2	本月正向平最大需量出现月日时分	12	上月正向平最大需量出现月日时分
3	本月正向谷最大需量出现月日时分	13	上月正向谷最大需量出现月日时分
4	本月正向总最大需量出现月日时分	14	上月正向总最大需量出现月日时分
5	本月反向尖峰最大需量出现月日时分	15	上月反向尖峰最大需量出现月日时分
6	本月反向峰最大需量出现月日时分	16	上月反向峰最大需量出现月日时分
7	本月反向平最大需量出现月日时分	17	上月反向平最大需量出现月日时分
8	本月反向谷最大需量出现月日时分	18	上月反向谷最大需量出现月日时分
9	本月反向总最大需量出现月日时分	19	上月反向总最大需量出现月日时分

g）按下 1 号按钮 7 次，代码标志区显示"＿7"，配合按下 2 号按钮，从 0 次开始，依次显示的内容见表 7-7。

表 7-7 "＿7"主页下显示的分项内容

序号	显示内容	序号	显示内容
0	电池工作累计时间（小时：分钟）	6	上次失电压恢复月日时
		7	上次掉电月日时
1	上次编程月日时	8	上次购电月日时
2	上次失电压起始月日时	9	上次手动清需量月日时
3	上次跳闸月日时	A	上次清零月日时
4	上次报警月日时	B	上次初始电量月日时
5	上次远程解除报警、跳闸月日时分		

h) 按下 1 号按钮 8 次，代码标志区显示"_8"，为失电压电量及失电压累计时间集合，配合按下 2 号按钮，从 0 次开始，依次显示总、A、B、C 相失电压累计时间和 1、2 相的正向及 1、2 相失电压期间反向失电压累计电量，总共 8 项。

i) 按下 1 号按钮 9 次，代码标志区显示"_9"，配合按下 2 号按钮，依次显示电能表的设置参数如表 7-8 所示。

表 7-8　　　　　　　　"_9"主页下显示的分项内容

序号	显示内容	序号	显示内容
00	循环显示间隔（s）	10	反向电能表表号
01	正向电能表表号	11	反向代表日—反向结算日
02	正向代表日-正向结算日	12	反向跳闸延时—反向清需量日
03	正向跳闸延时-正向清需量日	13	反向滑差步进时间—反向用户级别
04	正向滑差步进时间-正向用户级别	14	反向尖峰功率限额（kW）
05	正向电费报警限额（元）	15	反向峰功率限额（kW）
06	正向尖峰功率限额（kW）	16	反向平均功率限额（kW）
07	正向峰功率限额（kW）	17	反向谷功率限额（kW）
08	正向平均功率限额（kW）	18	电能表功能模式代号★
09	正向谷功率限额（kW）		

2）3、2 号按钮的配合使用及显示内容。

在循环状态下 3.2 号按钮的配合使用：

a) 按下 3 号按钮 1 次，代码标志区显示"＝1"，为总电量集合，配合按下 2 号按钮，从 0 开始，依次显示：总正向有功、感性无功、容性无功、反向有功的总、尖峰、峰、平、谷电量，共 20 项。图 7-50 所示为正向有功总电量画面。

b) 按下 3 号按钮 2 次，代码标志区显示"＝2"，为本月有功电量集合，配合按下 2 号按钮，从 0 开始，依次显示：本月正向有功、感性无功、容性无功、反向有功的总、尖峰、峰、平、谷电量，共 20 项。

图 7-50　正向有功总电量

c）按下 3 号按钮 3 次，代码标志区显示"=3"，为上月用电量集合，配合按下 2 号按钮，从 0 开始，依次显示：上月正向有功、感性无功、容性无功、反向有功的总、尖峰、峰、平、谷电量，共 20 项。

d）按下 3 号按钮 4 次，代码标志区显示"=4"，为本月最大需量集合，配合按下 2 号按钮，从 0 开始，依次显示：本月正向及反向的总、尖峰、峰、平、谷电量，共 10 项。本月平最大需量如图 7-51 所示。

图 7-51　本月平最大需量

e）按下 3 号按钮 5 次，代码标志区显示"=5"，为上月最大需量集合，配合按下 2 号按钮，从 0 开始，依次显示：上月正向及反向的总、尖峰、峰、平、谷最大需量，共 10 项。图 7-52 所示为上月谷段最大需量 0.236 7kW。

图 7-52　上月谷段最大需量

f）按下 3 号按钮 6 次，代码标志区显示"₌6"，为各时段费率及剩余电费集合，配合按下 2 号按钮，从 0 开始，依次显示上月正向尖峰、峰、平、谷的费率及剩余电费，共 5 项。图 7-53 所示剩余电费为 123.45 元。

图 7-53　剩余电费

82. 电钥匙的功能及使用方法是怎样的?

（1）电钥匙的功能。电钥匙是用电管理部门在电能表用电管理系统与电能表之间传递数据的桥梁。厂家提供给用户的是空钥匙，用户使用时，需将其制作成各种类型的功能钥匙，才能完成参数设置、购电和抄表过程。

根据电钥匙的用途，可将其分为通用钥匙和专用钥匙两类。其中通用钥匙可以设置电能表的各类参数及校对时钟等，且一片钥匙可以用于多块电能表中。通用钥匙的种类和用途见表 7-9。

表 7-9　　　　　　　　　通用钥匙的种类及用途

种　类	用　途
初始化钥匙	将使用其他电钥匙的识别字写入电能表中，完成电能表的初始密码设置
时区钥匙	可将用户所要求的时区时段参数输入电能表中
校对时钟钥匙	校对电能表时钟时使用
通用参数钥匙	设置电能表的正向及反向用电参数时使用
通用抄表钥匙	可抄读电能表的所有计量数据
正向清需量钥匙	可将电能表正向月需量数据移至上月，同时本月清为 0，在手动清需量时使用
反向清需量钥匙	可将电能表反向本月需量数据移至上月，同时本月清为 0，在手动清需量时使用
清零钥匙	可清除电能表所有计量的数据（慎用！只在挂表之前使用）
串口密码钥匙	串口设置参数时，可置密码加以保护（需要时使用）
无功计量钥匙	选择电能表无功计量方式为总无功、容性无功或感性无功
循环显示钥匙	设置电能表循环显示项目的开启或关闭及循环间隔设置

专用钥匙分为正向用户钥匙和反向用户钥匙，制作好的用户钥匙未用于电能表之前，称为用户新钥匙，可以用于任意一块表中。其中，正向用户新钥匙可以完成电能表正向的各项用电参数设置和预购电费（电量）设置，反向用户新钥匙可用来设置电能表反向的各项用电参数。当两种钥匙用于电能表后，变为用户（旧）钥匙，抄表和购电时，各片钥匙只能用于对应的电能表中，用到其他电能表时，电能表指示灯不亮，表示电能表不认可此钥匙。

（2）电钥匙的使用。新购置的电能表在挂出使用之前，必须根据要求，预置相关参数。预置参数时电钥匙的使用顺序推荐表7-10 中的顺序。

表 7-10　　　　　　　　　　电钥匙使用顺序

序号	电钥匙名称	序号	电钥匙名称
1	初始化钥匙★1	7	用户新钥匙★3
2	清零钥匙	8	通用参数钥匙★4
3	校对时钟钥匙★2	9	清需量钥匙★5
4	时区钥匙	10	通用抄表钥匙★6
5	循环显示钥匙	11	串口密码钥匙（一般不用）
6	无功计量钥匙		

第八章

接地与防雷实用技术

1. 什么是接地体？

接地体是指埋入地中并直接与大地接触的金属导体，接地体分为水平接地体和垂直接地体。

2. 什么是接地线？

接地线是指电气设备、杆塔的接地螺栓与接地体或中性线连接用的，在正常情况下不载流的金属导体。

3. 什么是接地？

电气设备、杆塔或过电压保护装置必须接地的部分，用接地线与接地体做良好的电气连接，称为接地。

4. 什么是中性线？

中性线是指从变压器或发电机的中性点引出的工作线，用"N"表示。

5. 什么是保护线？

以防止触电为目的，用来与设备或线路的金属外壳、接地母线、接地端子、接地极、接地金属部件等做电气连接的导线或导体称为保护线，用"PE"表示。

6. 什么是零线？什么是保护零线？

中性线与大地有良好的电气接触时，此时，称中性线为零线。当零线与保护线共为一体，即同时具有零线与保护线两种功能，这样的导线称为保护零线或保护中性线，用"PEN"表示。

7. 电流对人体的作用是怎样的?

人体误碰带电器件（电击），电流经人体入地，频率为 $50\sim60Hz$ 的电流危害最大。当工频电流达 $15\sim20mA$ 时，对人体即有危险，$50\sim100mA$ 可致命。人体电阻与体质、皮肤表面状况、潮湿等有关，最低至 $800\sim1000\Omega$，致命危险电压为 $0.05\times(800\sim1000)=40\sim50V$。

8. 电流入地和对地电压是怎样的?

电流入地后呈半球形散开，接地电流的电位分布曲线图如图 8-1 所示。20m 以外电位和地电阻近似为零，称为零电位电气"地"（或在地），U_e 为接地体的对地电压。

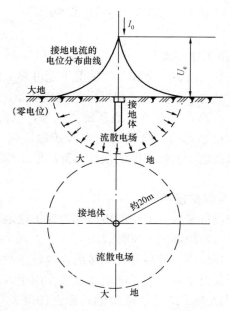

图 8-1 接地电流的电位分布曲线图

9. 什么是接触电压？什么是跨步电压？

人触及接地故障设备，手足两点（距设备约 0.8m）间的电位差 U_t 称为接触电压；两足间（约 0.8m）的电位差称为跨步电压 U_{st}。接触电压和跨步电压如图 8-2 所示。

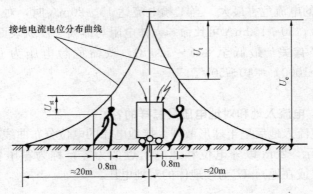

图 8-2　接触电压和跨步电压示意图

10. 什么是工作接地？

为了保证电气设备正常和事故情况下能可靠工作的接地称为工作接地。如电力系统中将三相发电机或变压器的中性点接地，这种系统相应的称为中性点接地系统。此外，电流互感器的 S2 端接地、电压互感器的二次绕组的末端接地、耦合电容器的接地、避雷器的接地、消弧线圈的接地等都属于工作接地。

11. 什么是保护接地？

为了保护设备和人身安全的接地称为保护接地。

保护接地的作用如图 8-3 所示。

在图 8-3（a）中，设备外壳不接地，当设备故障，中相电源碰壳时，人触及设备外壳，相间电压直接作用于人体、地电阻和电容的串联回路上，这是很危险的；而在图 8-3（b）中，设备外壳已直接接地，上述相同故障的情况下，人体承受的接触电压

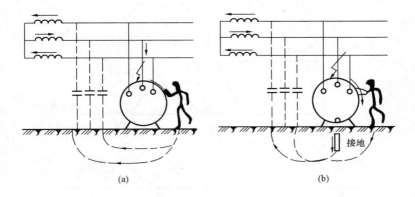

图 8-3 保护接地作用示意图

（a）电动机外壳没接地；（b）电动机外壳接地

只有地电阻的部分压降，因此比较安全。

12. 中性线有什么作用？

在中性点直接接地的三相四线制中，当使用保护接地，因接地电阻很大，不能保障人身安全，且接地电流过小，不足以启动保护而切断电源。为此，可将同一系统中各设备外壳统一接中性线，当外壳带电后，即形成金属性单相短路，使断路器跳闸或熔断器熔断而切除故障，保护了人身的安全和防止设备的进一步损坏，称为接中性线保护，此种接地方式目前不被采用。

同一系统中，一般只宜采取一种保护方式，即接地保护。接地保护与接中性线保护两者不要混用，若混用，则如图 8-4 所示，会产生中性线电位升高，使所有外壳接中性线设备带上危险电压，设备外壳接中性线保护方式实质上是 TN-C 系统，此种系统已不被采用。

13. IEC 对配电网接地方式是如何分类的？

国际电工委员会 IEC 第 64 次技术委员会将低压电网的配电制及保护方式分为 IT、TT、TN 三类系统。

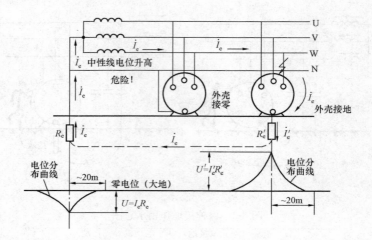

图 8-4　同一系统中的设备外壳采用不同的保护方式分析图

14. IT 系统是怎样的？

IT 系统是指电源中性点不接地或经大阻抗（约 1000Ω）接地，电气设备的外露可导电部分（如设备的金属外壳）经各自的保护线分别直接接地的三相三线制低压配电系统，因此中性线不做重复接地（一般不引出中性线）。

15. TT 系统是怎样的？

TT 系统是指电源的中性点直接接地，而设备的外露可导电部分经各自的 PE 线分别直接接地的三相四线制低压供电系统。

TT 系统中性线不应重复接地。但有的工作人员不仅要求用户将设备单独的保护接地，还要将中性线做多处重复接地，以降低中性线断落后中性点漂移带来的三相电压不平衡。这一要求是不合适的。若 TT 系统重复接地，部分负载电流将流经大地，首端的剩余电流动作保护装置将形成剩余电流而发生误动。

为防止中性线断落引起事故，只能提高中性线的机械强度，提高中性线连接质量和机械保护，尽量做到三相负载平衡，并通过加强线路的巡视、维护、修理等措施来防止中性线断落。

16. TN 系统是怎样的？

电源系统有一点（通常是中性点）接地，负载设备的外露可导电部分（如金属外壳）通过保护线连接到此接地点的低压配电系统统称为 TN 系统。依据中性线和保护线的不同组合，TN 系统又分为 TN-C、TN-S、TN-C-S 三种形式。

17. TN-C 系统是怎样的？

TN-C 整个系统中中性线（N）和保护线（PE）是合用的，且标为"PEN"，如图 8-5 所示。

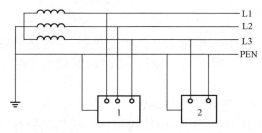

图 8-5　TN-C 系统
1—三相设备；2—单相设备

TN-C 系统是一个不被采用的系统，中性线做重复接地。由于系统 PEN 线兼起 PE 线和 N 线的作用，所以 PE 线通过三相不平衡电流，使电气装置外露导电部分对地带电压；在某些场所会引起事故，如对地打火花，在危险场所会引起爆炸对电子设备有干扰，不能断开 PEN 线来保护检修人员的安全。所以，该系统已不被采用。

18. TN-S 系统是怎样的？

TN-S 整个系统中把保护地线和中性线是分为两根线，如图 8-6 所示。PE 线平时不带电，不通过电流，比较安全。这将

TN-S 系统 N 线做重复接地，就是把 TN-S 系统变成了 TN-C 系统了。所以，中性线不能做重复接地。

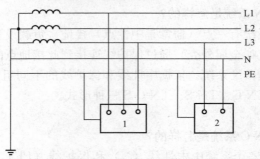

图 8-6　TN-S 系统

1—三相设备；2—单相设备

有人把 TN-S 系统称为"三相五线制"，这是不规范的，建议在设计安装工作中应停止使用（因为 PE 线不带电）。

19. TN-C-S 系统是怎样的？

TN-C-S 整个系统内，中性线与保护线是部分合用的。即前边为 TN-C 系统（N 线与 PE 线是合用的），后边是 TN-S 系统（N 线与 PE 线是分开的，分开后不允许再合并），如图 8-7 所示。

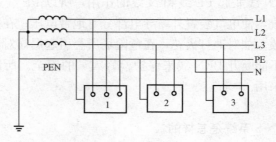

图 8-7　TN-C-S 系统

1—三相设备；2、3—单相设备

20. 什么是重复接地？

重复接地就是在 TN 系统中，除电源中性点进行工作接地外，还在一定的处所把 PE 线或 PEN 线再进行接地，如上面的 TN 系统。重复接地是保护接零系统中不可缺少的安全措施。

21. 重复接地有什么作用？

（1）降低漏电设备外壳的对地电压。

（2）减轻 PE 线或 PEN 线断线时的触电危险。

（3）重复接地的其他作用：①降低电网一相接地故障时，非故障相的对地电压；②降低高压窜入低压网络时低压网络的对地电压；③降低三相负载不平衡时零线的对地电压；④当零线断线时，在一定程度上平衡各相电压；⑤增加单相接地短路电流，加速线路保护装置的动作，从而缩短事故持续时间；⑥架空线路的重复接地对雷电流有分流作用，有助于改善防雷性能。

22. 重复接地有什么要求？

（1）重复接地的设置场所。按照有关技术文件所做出的规定，TN 系统的保护线或保护零线必须在下列处所做重复接地。

1）户外架空线路的干线和长度超过 200m 的分支线的终端及沿线上每 1km 处。

2）电缆或架空线在引入车间或大型建筑物处。

3）以金属外壳作为保护线的低压电缆。

4）同杆架设的高、低压架空线路的共同敷设段的两端。

（2）对重复接地电阻的要求。当工作接地电阻不大于 4Ω 时，每一重复接地装置的重复接地电阻不应大于 10Ω；在工作接地电阻允许为 10Ω 的场所，每一重复接地的接地电阻不应大于 30Ω，且重复接地点不得少于 3 处。

23. 保护接地的应用范围是怎样的？

（1）1000V 以上的电气设备，均应用保护接地，与中性点是否接地无关。

（2）1000V 及以下的电气设备，在中性点不接地电网中，应用保护接地；在中性点直接接地的三组四线制电网中，如果没有中性线，也可用保护接地。

（3）同一中性点接地的三相四线制电网中，接地和接中性线不能混用。

（4）在使用过程中产生静电并对正常工作造成影响的场所，宜采取防静电接地措施。

24. 必须接地的电气设备有哪些？

（1）电机、变压器、手握式或移动式电器及其他电气设备的金属底座和外壳。

（2）电气设备的传动装置。

（3）互感器的二次绕组。

（4）配电屏与控制屏的框架。

（5）室内外配电装置的金属构架、钢筋混凝土构架的钢筋，以及靠近带电部分的金属网、门、围栏等。

（6）电力电缆的金属外皮、接线盒、终端盒、电缆终端头金属外壳。

（7）电力线路的金属保护管，各种金属接线盒（如开关、插座等），敷设的钢索及起重运输设备轨道。

（8）铠装控制电缆的外皮、非铠装或非金属护套电缆的 1～2 根屏蔽芯线。

（9）居民区内，无避雷线小电流接地系统的架空线路的金属杆塔和钢筋混凝土杆塔。

（10）有架空地线的杆塔。

（11）安装在配电线路构架上电气设备（如开关、电容器等）的金属外皮及其支出架等。

25. 不接地或不接中性线的电气设备有哪些？

（1）安装在已接地金属构架上电气设备的金属外壳。

（2）安装在配电屏、控制屏已接地的金属框架上的电气测量仪表、继电器及其他低压电器的外壳；以及当发生绝缘损坏不会在支架上引起危险电压危及人身安全的绝缘子附件，如底座等。

（3）额定电压为220V及以下的蓄电池室内的金属支架。

（4）在干燥场所，交流额定电压50V及以下，直流额定电压110V及以下的电气设备外壳，爆炸场所除外。

（5）在干质、沥青等不良导体地面的干燥房间内，交流额定电压380V及以下、直流额定电压400V及以下电气设备的外壳。但当维护人员可能同时触及电气设备外壳可导电部分和已接地（或接中性线）物件时除外。

（6）除另有规定者外，发电厂和变电站的运输轨道。

（7）若机床机座与电气设备外壳是可靠接触的，可将机座可靠接地。

26. 哪些电气设备严禁采用保护接地？

（1）采用设置绝缘场所保护方式的所有电气设备及装置外露可导电部分。

（2）采用不接地局部等电位连接保护方式的所有电气设备及装置外露可导电部分。

（3）采用电气隔离保护方式的电气设备及装置外露可导电部分。

（4）在采用双重绝缘及加强绝缘保护方式中的绝缘外护物里面的可导电部分。

27. 什么是接地电阻？

大地是一导电体，当其中没有电流流过时是等电位的，所以将大地作为零电位参考点。但大地的土壤并不是理想导体，它具有一定的电阻率，在通入电流时，就不再是等电位体了。电流经接地导体入地以电流场的形式向远处扩散，如图8-1所示。设土壤电阻率为ρ，大地内的电流密度为δ，其电场强度$E=\rho\delta$。离电流注入点越远，地中电流的密度越小，因此可认为无穷远处电位是零。电流注入点的电位相对无穷远处的零电位有一定的电位差，该电位差与入地电流之比称为接地电阻。接地电阻的大小直接影响到入地点和整个变电站地电位的高低，也影响设备和人身的安全。

28. 接地电阻值的大小是由哪些因素决定的？不同的系统对接地电阻值的要求是怎样的？

接地电阻由接地引线、接地体、土壤电阻以及其间的接触电阻构成，主要是由土壤电阻决定。

对接地电阻的要求值具体如下：

（1）1000V 及以上的大电流接地系统。该类系统要求单相接地短路，继电保护能立即动作，切除故障及其产生的危险跨步电压和接触电压。规程规定接地电位不超过 2000V，因此接地电阻 R_e 应为

$$R_e \leqslant \frac{2000}{I_e}$$

式中　I_e——接地电流，A；

　　R_e——接地电阻，不大于 0.5Ω。

（2）1000V 及以上的小电流接地系统。

1）高压和低压的电气设备共用一套接地装置，对接地电位要求不超过 120V，因此

$$R_e \leqslant \frac{120}{I_e}$$

任何情况下应保证 $R_e \leqslant 10Ω$。

2）仅用于高压电气设备的接地装置，接地电阻 R_e 应为

$$R_e \leqslant \frac{250}{I_e}$$

接地电阻 R_e 也不宜超过 10Ω。

（3）1000V 以下的中性点直接接地系统。发电机和变压器中性点接地电阻不大于 4Ω，当容量不超过 100kVA 时，接地电阻可不大于 10Ω。中性线每一重复接地电阻不应大于 10Ω，容量不超过 100kVA，且重复接地点多于 3 处，每一重复接地的接地电阻不应大于 30Ω。

（4）1000V 以下的中性点不接地系统。1000V 以下的中性点不接地系统因接地容性电流不大，所以取值为 10A，可采用设备接地电阻为 4Ω，此时对地电压不超过 40V；对 1kW 及以下的设备，接地电流更小，接地电阻可允许不大于 10Ω。

（5）中性点经消弧线圈接地的电力网。接地装置的接地电阻按公式计算时，接地故障电流应按下列规定取值：

1）对装有消弧线圈的变电站或电气设备的接地装置，计算电流等于接在同一接地装置中同一电力网各消弧线圈额定电流总和的 1.25 倍。

2）对不装消弧线圈的变电站或电气设备，计算电流等于电力网中断开最大一台消弧线圈时的最大可能残余电流，但不得小于 30A。

（6）其他要求：

1）确定接地故障电流时，应考虑电力系统 5～10 年的发展规划以及本工程的发展规划。

2）在高土壤电阻率地区，当使接地装置的接地电阻达到上述规定值而在技术经济上很不合理时，电气设备的接地电阻可增大到 30Ω，变电站接地装置的接地电阻可提高到 15Ω，但应符合通用电气设备及电气设施接地的要求。

3）在低压 TN 系统中，架空线路干线和分支线的终端，其PEN 线或 PE 线应重复接地。电缆线路和架空线路在每个建筑物的进线处，均应重复接地。在装有剩余电流动作保护装置后的PEN 线不允许设重复接地，N 线除电源中性点外，不应重复接地。

4）在非沥青面的居民区，3～10kV 高压架空配电线路的钢筋混凝土杆宜接地，金属杆塔也应接地，两者接地电阻均不宜超过30Ω，电源中性点直接接地系统的低压架空线路和高、低压共杆的线路中钢筋混凝土杆的铁横担或铁杆应与PEN线连接，钢筋混凝土电杆的钢筋宜与PEN线或PE线连接（但出线端装有剩余电流动作保护装置者除外）。

5）三相三线电力电缆的两端金属外皮均应接地，变电站内电力电缆金属外皮可利用主接地网接地，当采用全塑料电缆时，宜沿电缆沟敷设1～2根两端接地的接地线。

29. 接地装置由哪些部分组成？有什么要求？

接地装置由接地体和接地线组成，它应达到要求的接地电阻值，以备工作和保护接地用。对于变电站应敷设统一的接地网，由镀锌扁钢连接成四角为圆弧状的长孔网或方孔网，水平埋入地下0.6～0.8m深处，其下方接有一定数量的垂直接地体，一般情况下接地网面积与变电站面积相同。

30. 接地体有哪几种？各有什么要求？

（1）自然接地体。可作为接地用的直接与大地接触的各种金属构件、金属井管、钢筋混凝土建筑的基础、地下电缆的金属外皮、金属管道（如自来水管、下水管、热力管，液体燃料、爆炸性气体及供暖系统的金属管道除外）等，称为自然接地体。

交流电气设备的接地体，在满足热稳定性的条件下，应充分利用自然接地体。在利用自然接地体时，应注意接地装置的可靠性，并不因某些自然接地体的变动（如自来水管系统）而受到影响。

（2）人工接地体。人工接地体可采用水平敷设的圆钢、扁钢，垂直敷设的角钢、钢管、圆钢，也可采用金属接地板。一般优先采用水平敷设方式的接地体。人工接地体的最小尺寸见表8-1。

表 8-1 人工接地体最小尺寸表

类 别		最小尺寸
圆钢（直径，mm）		10
角钢（厚度，mm）		4
钢管（壁厚，mm）		3.5
扁钢	截面积（mm²）	100
	厚度（mm）	4

接地体宜采用热镀锌等防腐措施，在腐蚀性较强的场所，应适当加大截面。

31. 接地线有什么作用？对接地线有什么要求？

接地线用于连接各接地体，使其成为接地装置整体。和接地体一样，接地线除可用自然接地体外，一般用扁钢和圆钢做人工接地体，也应满足热稳定性、机械强度和耐腐蚀等要求。

32. 对接地装置有什么要求？

交流接地装置的接地线与保护线，当按表 8-2 保护线最小截面积的规定选择保护线截面时，不必再对其进行热稳定校核。

表 8-2 保护线的最小截面积表 （mm²）

装置的相线截面积	接地线及保护线最小截面积
$A \leqslant 16$	A
$16 < A \leqslant 35$	16
$A < 35$	$A/2$

注 1. 表中数值只在接地线和保护线的材料与相线相同时才有效。

2. 当保护线采用一般绝缘导线时，其截面积在有机械保护时不应小于 2.5mm²，无机械保护时不应小于 4mm²。

在任何情况下，埋入土内的接地线的最小截面积见表 8-3。

表 8-3　　　　　　　埋入土内的接地线的最小截面积表　　　　　（mm²）

有无防护	有防机械损伤保护	无防机械损伤保护
有防腐蚀保护的	按热稳定性条件确定	铜 16，铁 25
无防腐蚀保护的	铜 25	铁 50

除上述外，接地装置还应符合以下要求：

（1）在地下禁止用裸铝线做接地体或接地线。

（2）对接地线及保护线应验算单相短路时的阻抗，以保护单相接地短路时保护装置动作的灵敏度。

（3）装置外可导电部分严禁用作 PEN 线（包括配线用的钢管及金属线槽）。PEN 线必须与相线具有相同的绝缘水平，但成套开关设备和控制设备内部的 PEN 线可除外。

（4）不得使用蛇皮管、保温管的金属网或外皮及低压照明网络的铅皮做接地线和保护线。在电力装置需要接地的房间内，这些金属外皮也应通过保护线进行接地，并应保证全长为完好的电气通路，且金属外皮与保护线连接时，应采用低温焊接或螺栓连接。

（5）凡需进行保护接地的用电设备，必须用单独的保护线与保护干线相连或用单独的接地线与接地体相连，不应把几个应予保护接地的部分互相串联后，再用一根接地线与接地体相连。

（6）保护线及接地线与设备、接地总母线或总接地端子间的连接，应保证有可靠的电气接触。当采用螺栓连接时，应设防松螺帽或防松垫圈，且接地线间的接触面、螺栓、螺母和垫圈均应镀锌。另外，保护线不应接在电机、台扇的风叶壳上。

（7）当利用电梯轨道（吊车轨道等）做接地干线时，应将其连入封闭的回路。当变压器容量为 400～1000kVA 时，接地线封闭回路导线一般采用 40mm×4mm 的镀锌扁钢；当变压器容量为 315kVA 及以下时，其封闭回路导线采用 25mm×4mm 的镀锌扁钢。

（8）接地线与接地体的连接宜采用焊接，如采用搭接时，其搭接长度不应小于扁钢宽度的 2 倍或圆钢直径的 6 倍。接地线与管道等伸长接地体的连接，应采用焊接，如焊接有困难，可采用卡箍，但应保证电气接触良好。

（9）直接接地或经消弧线圈接地的变压器，旋转电机的中性点与接地体或接地干线连接时，应采用单独接地线。

33. 如何敷设接地装置？

接地体顶面敷设深度应符合设计规定，当无规定时，不宜小于 0.6m。角钢及钢管接地体应垂直配置。除接地体外，接地体引出线的垂直部分和接地装置焊接部位应垂直配置，并应做防腐处理，在做防腐处理前，表面必须除锈并去掉焊接处残留的焊药。

垂直接地体的间距不宜小于其长度的 2 倍，水平接地体的间距应符合设计规定，当无设计规定时，不宜小于 5m。

接地线应防止发生机械损伤和化学腐蚀。在与公路、铁路或管道等交叉处及其他可能使接地线遭受损伤处，均应用管子或角钢等加以保护。接地线在穿过墙壁、楼板或地坪处应加装钢管或其他坚固的保护套，有化学腐蚀的部位还应采取防腐措施。

每个电气设备的接地应以单独的接地线与接地干线相连接，不得在一个接地线中串连几个需要接地的电气设备。接地干线应在两个及以上的点处与接地网相连接，自然接地体应在两个及以上的点与接地干线或接地网相连接。

接地体敷设完毕的土沟，其回填土内不应夹有石块和建筑垃圾等，外取的土壤不得有较强的腐蚀性，在回填土时应分层夯实。

34. 明敷接地线应符合哪些安装要求？

明敷接地线应符合下列安装要求：

（1）便于检查。

（2）敷设位置不应妨碍拆卸与检修。

（3）支持件间的距离，在水平直线部分宜为 0.5～1.5m，垂直部分宜为 1.5～3m，转弯部分宜为 0.3～0.5m。

（4）接地线应按水平或垂直敷设，也可与建筑物倾斜结构平行敷设，在直线段上，不应有高低起伏、弯曲等情况。

（5）接地线沿建筑物墙壁水平敷设时，离地面距离宜为 250～300mm，接地线与建筑物墙壁间的间隙宜为 10～15mm。

（6）在接地线跨越建筑物伸缩缝、沉降缝时，应设置补偿器，补偿器可用接地线本身弯成弧状代替。

（7）明敷接地线的表面应涂以 15～100mm 宽度相等的绿色和黄色相间的条纹；在每个导体的全部长度上或只在每个区间，又或是每个可接触到的部位上宜做出标记；当使用胶带时应用双色胶带；中性线宜涂淡蓝色标记；在接地线引向建筑物的入口处和在检修用临时接地点处，均应刷红色底漆并标以黑色记号，其代号为"⏚"。

（8）为配合检修，在断路器室、配电间、母线分段处、发电机引出线等需临时接地的地方，应引入接地干线，并应设有专供连接临时接地线使用的接线板和螺栓。

（9）当电缆穿过零序电流互感器时，电缆头的接地线应通过零序电流互感器后接地。由电缆头至穿过零序电流互感器的一段电缆金属防护层和接地线应对地绝缘。

（10）直接接地或经消弧线圈接地的变压器、旋转电机的中性点与接地体或接地干线的连接，应采用单独的接地线。

（11）变电站、配电室的避雷器应用最短的接地线与主接地网连接。

（12）全封闭组合电器的外壳应按制造厂规定接地，法兰片间应采用跨接线连接，并应保持良好的电气通路。

（13）高压配电间隔和静电补偿装置的栅栏门铰链处应用软铜线连接，以保持良好接地。

（14）高频感应电热装置的屏蔽网、滤波器电源装置的金属屏蔽外壳、高频回路中的外露导体和电气设备的所有屏蔽部分与其连接的金属管道均应接地，并宜与接地干线连接。

（15）接地装置由多个分接地装置部分组成时，应按设计要求设置便于分开的断接卡，自然接地体与人工接地体连接处应有便于分开的断接卡，对断接卡应有保护措施。

35. 对接地体（线）的连接有哪些要求？

接地体（线）的连接应采用焊接，焊接必须牢固无虚焊，接至电气设备上的接地线应用镀锌螺栓连接，有色金属接地线不能采用焊接时，可用螺栓连接，螺栓连接处的接触面应按 GB 50149—2010《电气装置安装工程　母线装置施工及验收规范》的规定处理。

接地体（线）的焊接应采用搭接焊，其搭接长度必须符合下列规定：

（1）扁钢的搭接长度为其宽度的 2 倍（且至少 3 个棱边焊接）。

（2）圆钢的搭接长度为其直径的 6 倍。

（3）圆钢与扁钢连接时，搭接长度为圆钢直径的 6 倍。

（4）扁钢与钢管、扁钢与角钢焊接时，为了连接可靠，除应在其接触部位两侧进行焊接外，并应焊以由钢带弯成的弧形（或直带形）卡子或直接由钢带本身弯成弧形（或直角形）与钢管（或角钢）等焊接。

另外，用各种金属构件、金属管道等做接地线时，应在其串接部位焊接金属跨接线。

36. 对避雷针（线、带、网）的连接有哪些要求？

避雷针（线、带、网）的接地在电力方面应遵守下列规定：

（1）避雷针（带）与引下线之间的连接应采用焊接。

（2）避雷针（带）的引下线及接地装置使用的紧固件均应为镀锌制品。

（3）建筑物上的防雷设施采用多根引下线时，宜在各引下线距地面 1.5～1.8m 处设置断接卡，断接卡应加保护措施。

（4）装有避雷针的金属筒体，当其厚度不小于 4mm 时，可做避雷针的引下线，筒体底部应有两处与接地体对称连接。

（5）独立避雷针及其接地装置与道路或建筑物的出入口等的距离应大于 3m，当小于 3m 时，应采用均压措施或是铺设卵石或沥青地面。

（6）独立避雷针（线）应设置独立的集中接地装置，当有困难时，该接地装置可与接地网连接，但避雷针与主接地网的地下连接点，至 35kV 以下设备与主接地网的地下连接点，沿接地体的长度不得小于 15m。

（7）独立避雷针的接地装置与接地网的地中距离不应小于 3m。

（8）配电装置的架构或屋顶上的避雷针应与接地网连接，并应在其附近装设集中接地装置。

（9）建筑物上的避雷针或防雷金属网应和建筑物顶部的其他金属物件连接成一个整体。

（10）装有避雷针（线）的架构上的照明灯电源线，必须采用直埋于土壤中的带金属护层的电缆或穿入金属管的导线；电缆的金属护层或金属管必须接地，埋入土壤中的长度应在 10m 以上方可与配电装置的接地网相连或与电源线、低压配电装置相连接。

（11）发电厂和变电站的避雷线线档内不应有接头。

（12）避雷针（网、带）及其接地装置应采用自上而下的施工程序首先安装集中接地装置，后安装引下线，最后安装接闪器。

37. 对携带式和移动式电气设备的接地有哪些要求？

携带式电气设备应用专用芯线接地，严禁利用其他用电设备的中性线接地，中性线接地线应分别与接地装置相连接；接地线应采用软铜铰线，其截面积不小于 $1.5mm^2$。

由固定电源或移动式发电设备供电的移动式机械的金属外壳或底座，应和这些供电电源的接地装置的金属连接，在中性点不接地的电网中，可在移动式机械附近装设接地装置，以代替敷设接地线，并应首先利用附近的自然接地体。

移动式电气设备和机械的接地应符合固定式电气设备接地的

规定，但下列情况可不接地：

（1）移动式机械自用的发电设备直接放在机械的同一金属柜架上，又不供给其他设备用电。

（2）当机械由专用的移动式发电设备供电，机械数量不超过2台，机械距离移动式发电设备不超过50m，且发电设备和机械的外壳之间有可靠的金属连接。

38. 接地体安装工程交接验收的内容有哪些？

（1）整个接地区外露部分的连接可靠，接地线规格正确，防腐层完好，标志齐全明显。

（2）避雷针（器）的安装位置和高度符合设计要求。

（3）供连接临时接地线用的连接板的数量和位置符合设计要求。

（4）工频接地阻值及设计要求的其他测试参数符合设计规定。

（5）在验收时还应提交下列资料和文件：

1）实际施工的竣工图。

2）变更设计的证明文件。

3）安装技术记录（包括隐蔽工程记录等）。

4）测试记录。

39. 接地装置的维护及维修有哪些内容？

（1）检查设备接地引下线与设备接地构架连接是否良好；用螺栓连接时，应设防松帽或防松垫片，焊接的搭接长度符合规范；接地引下线邻近地面上下部分防腐措施完好与否。

（2）用导通法检查接地线的通断，确认电气设备与接地装置的电气连接良好，对腐蚀严重且不满足引下线热稳定截面要求的接地引下线必须更换。

（3）对于新建的变电站和配电室，应测量接地网的接地电阻、接触电压和跨步电压，并绘出电位分布图。

（4）当系统短路容量增大或发现接地网导体已严重腐蚀时，

需进行接地网接地电阻测量和导体截面热稳定的校核，必要时适当增加接地网导体的截面积。

（5）运行中对定期测试的接地电阻的变化情况进行校核，检查是否符合规程要求。

（6）电气设备每次检修后，应详细检查其接地情况。

（7）接地装置的试验和检查项目、周期、要求及说明详见表8-4。

表8-4　　　　接地装置的实验项目、周期、要求及说明

序号	项目	周期	要求	说　　明
1	有效接地系统的电气设备的接地电阻	（1）不超过6年。 （2）可以根据接地网挖开检查的结果，考虑延长或缩短周期	$R \leqslant 2000/I$ 或 $R \leqslant 5\Omega$（当 $I > 4000A$ 时） 式中　I——经接地网流入地中的短路电流，A； 　　　R——考虑到季节变化的最大接地电阻，Ω	测量接地电阻时，如在最小的接地范围内土壤电阻率基本均匀，可采用各种补偿法；否则，应采用远离法；也可采用选频式接地绝缘电阻表测量，但对测量线的要求按 DL/T 475—2006《接地装置特性参数测量导则》中的规定执行。 　在高土壤电阻率地区，接地电阻如按规定值要求，在技术经济上极不合理时，允许有较大的数值。但必须采取措施以保证发生接地短路时，在该接地网上满足以下要求： 　（1）接触电压和跨步电压均不超过允许的数值。 　（2）不发生高电位引外和低电位引外。 　（3）3～10kV 阀式避雷器不动作。 　在预防性试验前或每3年及必要时验算一次，并校验设备接地引下线的热稳定性

序号	项目	周期	要求	说 明
2	非有效接地系统的电气设备的接地电阻	(1) 不超过6年。(2) 可以根据该接地网挖开检查的结果考虑延长或缩短周期	(1) 当接地网与1kV及以下设备共用接地时，接地电阻：$R \leqslant 120/I$ 且 $R < 4\Omega$。(2) 当接地网仅用于1kV以上设备时，接地电阻：$R \leqslant 250/I$，且 $R < 10\Omega$	
3	利用大地做导体的电气设备的接地电阻	1年	(1) 长久利用时，接地电阻：$R \leqslant 50/I$。(2) 临时利用时，接地电阻：$R \leqslant 100/I$	
4	1kV以下电气设备的接地电阻	不超过6年	使用同一接地装置的所有这类电气设备，当总容量不小于100kVA时，其接地电阻不宜大于4Ω；如总容量小于100kVA时，则接地电阻允许大于4Ω，但不超过10Ω	对于在电源处接地的低压电力网（包括孤立运行的低压电气设备网）中的用电设备，只进行接零，不做接地。所用零线的接地电阻就是电源设备的接地电阻，其要求按序号2确定，但不得大于相同容量的低压设备的接地电阻
5	独立微波站的接地电阻	不超过6年	不宜大于5Ω	如电源零线与地网相连，测试时应断开电源零线
6	独立的燃油、易爆气体储罐及其管道的接地电阻	不超过6年	不宜大于30Ω，但无独立避雷针保护的露天储罐其接地电阻不应超过10Ω	

序号	项目	周期	要求	说　明
7	露天配电装置避雷针的集中接地装置的接地电阻	不超过6年	不宜大于10Ω	与接地网连在一起的可不测量，但需按要求检查与接地网的连接情况
8	发电厂烟筒附近的吸风机及引风机处装设的集中接地装置的接地电阻	不超过6年	分别不大于5Ω和3Ω，但对1500kW及以下的直配电机按DL/T 620—1997《交流电气装置的过电压保护和绝缘配合》9.7条中相应接线时，此值可放宽至其中图24的规定值	与接地网连在一起的可不测量，但需按要求检查与接地网的连接情况
9	独立避雷针（线）的接地电阻	不超过6年	不宜大于10Ω	在高土壤电阻率地区难以将接地电阻降到10Ω时，允许有较大的数值，但应符合防止避雷针（线）对罐体及管、阀等反击的要求
10	与架空线直接连接的旋转电机进线段上排气式和阀式避雷器的接地电阻	与所有进线段上杆塔接地电阻的测量周期相同	排气式和阀式避雷器的接地电阻，分别不大于5Ω和3Ω，但对于300～1500kW的小型直配电机，如不采用DL/T 620—1997中相应接线时，此值可考虑放宽	

序号	项目	周期	要求	说　明
11	有架空地线的线路杆塔的接地电阻	(1) 发电厂或变电站进出线 1～2km 内的杆塔：1～2 年。 (2) 其他线路杆塔不超过 5 年	当杆塔高度在 40m 以下时，按下列要求，如杆塔高度达到或超过 40m 时，则取下表值的 50%，但当土壤电阻率大于 200Ω·m 且接地电阻难以达到 15Ω 时，可放宽到 20Ω 土壤电阻率 ρ（Ω·m） / 接地电阻（Ω） ρ≤100 / 10 100<ρ≤500 / 15 500<ρ≤1000 / 20 1000<ρ≤2000 / 25 ρ>2000 / 30	对于高度在 40m 以下的杆塔，如土壤电阻率很高，接地电阻难以降到 30Ω 时，可采用 6～8 根总长不超过 500m 的放射形接地体或连续伸长接地体，其接地电阻可不受限制。但对于高度达到或超过 40m 的杆塔，其接地电阻也不宜超过 20Ω
12	无架空地线的线路杆塔的接地电阻	(1) 发电厂或变电站进出线 1～2km 内的杆塔：1～2 年。 (2) 其他线路杆塔不超过 5 年	种　类 / 接地电阻（Ω） 非有效接地系统的钢筋混凝土杆、金属杆 / 30 中性点不接地的低压电力网的线路钢筋混凝土杆、金属杆 / 50 低压进户线绝缘子铁脚 / 30	

注　进行序号 1、2 项试验时，应断开线路的架空地线。

40. 雷电是怎么形成的？有哪几种类型？

雷云带电学说很多，常引用辛普逊（Simpson）"水滴分裂带电"理论，中性的水滴电荷分布并不均匀，表面散布负电，核心集中正电，在强烈气流中，微小负电水滴上升或漂移，形成大片带负电雷云，带正电大水滴掉落地面，或在雷云下部悬浮一小块区域；在雷云的较高处，例如，在−10℃等温线以上的部分，分布很多正电，这是因为水在0℃以下形成冰冻雪晶体，受气流碰撞分裂，气流带正电上升至云顶，带负电冰冻晶体下降到云的中部和下部。因此，可以简单视雷云为一个庞大的负极。

雷云达到一定的电场强度（其电压可达数百万伏至数千万伏），就会破坏周围空气绝缘，对地或在正负雷云之间，产生强烈的声光放电，即雷电现象。

除了上述直击雷（首先对建筑物或树梢等凸出物体放电），还有如图8-8所示的感应雷和雷电波。

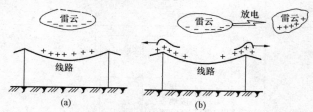

图 8-8 架空线路上产生的静电感应过低压

（a）雷云在线路上方时，线路上感应的束缚电荷形成感应雷；

（b）雷云在消失后，自由电荷在线路上形成的过电压波（即雷电波）

感应雷是当雷云出现在架空线上空时，导线和架空地线上感应大量异性束缚电荷，雷云移去或对地放电后，其电荷向两端移动，产生很高的感应过电压，在高压线上可达几十万伏，低压线上达几万伏。雷电波（行波）则是直击雷或（和）感应对变电站设备的入侵，统计类似事故数量达到整个雷击事故数量的一半以上。

41. 雷云的放电过程是怎样的？

雷云的放电过程是，当其分布不均的任一水滴所带电荷聚集中心处，电场强度达 20～25kV/cm 时，就会击穿周围空气，迅速发展为导电通道的雷电先导，当其进展到离地面 100～300m 时，地面感应出强大的异性电荷，特别是突出物上，形成迎雷先导，当迎雷先导和雷电先导接触，强烈地中和电荷，其电流可达几十万安培，并伴随雷鸣和闪光，这便是雷电主放电阶段，时间仅为 50～100μs。之后，雷云中残余电荷继续沿着放电通道流入大地，约数百安培，时间约 0.03～0.15s。雷电的波形常用如图 8-9 所示的半余弦波形表示，由零到最大值的 90% 为波头时间 T_s（约 1～4μs），t_r 为半值波尾（数十微秒），该波形可写为 t_s/t_r 波。

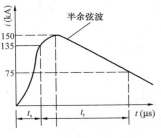

图 8-9　雷电波形图

雷云中可能有几个电荷聚集中心，常有第二次、第三次沿第一次放电通道放电，间隔约几百微秒到几万毫秒，电流逐次降低。

我国设计建筑物取雷电幅值为 150kA。

42. 什么是雷电日？

雷电日是计算雷电产生的频度，一天内只要听到雷声就是一个雷电日。

43. 雷电主要有哪些危害？

雷电的强大电流引起机械力、热效应和电磁效应，对各种物体和电网产生极大的破坏，其危害性主要表现在以下几个方面：

（1）电的机械效应：击毁电气设备、杆塔和建筑，伤害人、畜。

（2）雷电的热效应：烧断导线，烧毁电气设备。

（3）雷电的电磁效应：产生过电压，击穿绝缘，甚至引起火灾和爆炸，造成人身伤亡。

（4）雷电的闪络放电：烧坏绝缘子，使断路器跳闸，线路断电或引起火灾。

因此，防雷是电气设备运行过程中必须考虑的一项工作。

44. 避雷针由哪几部分组成的？有什么要求？

避雷针由避雷针针头（接闪器）、钢构架（引流体）和接地体三部分组成，如图 8-10 所示。

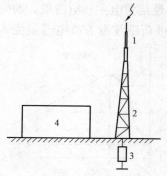

图 8-10　避雷针结构示意图

1—针头；2—钢构架；
3—接地体；4—被保护物

针头由顶端为尖形镀锌圆钢或镀锌钢管制成；引流体由直径不小于 8mm 的圆钢、截面积不小于 48mm² 的扁钢或不小于 35mm² 的镀锌钢绞线制成，如避雷针本体为钢管或铁塔，引流体可利用其本体；接地体由数根镀锌的长 2～3m、直径 50mm 的钢管或∠50mm×5mm 的角钢打入地中，深 0.6～0.8m，由圆钢或扁钢焊接制成，其接地电阻不大于 10Ω。

45. 避雷针的避雷原理是怎样的？

避雷针受雷云感应出的异性电荷的影响，使电场强度畸变，将雷引向自身并逐步泄入地下，以避免形成雷云的急骤放电。

避雷针一般明显高于被保护的设备和建筑物，当雷云先导放电临近地面时，首先击中避雷针，引流体将雷电流安全引入地中，从而保护了某一范围内的设备和建筑物。接地体的作用是减小泄流途径上的电阻值，降低雷电冲击电流在避雷针上的电压降，即降低冲击电压的幅值。

46. 怎样计算单根避雷针的保护范围？

单根避雷针的保护范围是一个锥形空间，如图 8-11 所示。如设备位于此保护范围内，则此设备受雷击的概率将小于 0.1%。地面上的保护半径 r 为

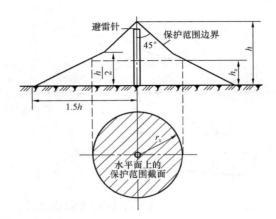

图 8-11　单根避雷针的保护范围图

$$r = 1.5h$$

式中　h——避雷针高度，m。

高 h_x（m）的水平面上的保护半径 r_x 的表达如下：

当 $h_x \geqslant h/2$ 时

$$r_x = (h - h_x)\,P$$

当 $h_x < h/2$ 时

$$r_x = (1.5h - 2h_x)\,P$$

式中　P——避雷针过高时的校正系数，也称高度影响系数。

当 $h \leqslant 30\text{m}$ 时

$$P = 1$$

当 $30\text{m} < h \leqslant 120\text{m}$ 时

$$P = 5.5/\sqrt{h}$$

47. 怎样计算双支等高避雷针的保护范围？

双支等高避雷针的保护范围如图 8-12 所示。

两针外侧的保护范围可按单针计算方法确定。

两针间的保护范围应按通过两针顶点及保护范围上部边缘最低点 O 的圆弧来确定，O 点的高度 h_0 按下式计算

259

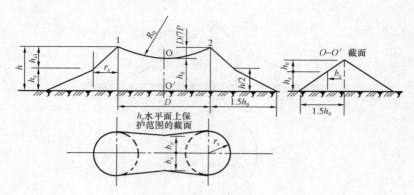

图 8-12 双支等高避雷针的保护范围图

$$h_0 = h - D/7P$$

式中 D——两针间的距离。

两针间高度为 h_x 的水平面上保护范围的截面为 O—O' 截面，其中，高度为 h_x 的水平面上保护范围的一侧宽度 b_x 可按下式计算

$$b_x = 1.5(h_0 - h_x)$$

一般两针间的距离与针高之比 D/h 不宜大于 5。

48. 怎样计算双支不等高避雷针的保护范围？

双支不等高避雷针的保护范围如图 8-13 所示。

两针内侧的保护范围先按单针作出高针 1 的保护范围，然后经过较低针 2 的顶点作水平线与之交于点 3，再设点 3 为一假想针的顶点，作出两等高针 2 和 3 的保护范围。两针外侧的保护范围仍按单针计算。

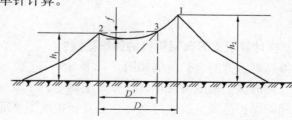

图 8-13 双支不等高避雷针的保护范围图

49. 半导体消雷器有什么特点?

避雷针是以它突出的高度使雷云下的电场强度发生畸变,将雷电引到自身。新型避雷针——半导体消雷器,是近年来发展的已投入运行的新技术装置。半导体消雷器的针端是由 13～19 支半导体消雷针组成列阵,固定在金属底座上,消雷针是 5m 长的玻璃钢管,尖上为接闪器,针面上有一层半导体,接地电阻要求不大于 10Ω。在与老式避雷针同高度的情况下,半导体消雷器的保护范围远大于老式避雷针。

50. 避雷线有什么作用?

避雷线也是预防直击雷的保护设备,主要用于保护电力线路,特殊情况下也可用以保护发电厂、变电站。

51. 如何计算单根避雷线的保护范围?

单根避雷线的保护范围如图 8-14 所示。

具体可按下式计算:

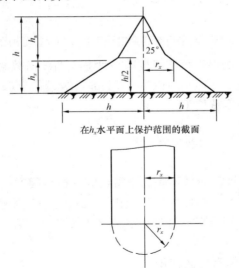

在h_x水平面上保护范围的截面

图 8-14　单根避雷线的保护范围图

当 $h_x \geq h/2$ 时

$$r_x = 0.47 (h - h_x) P$$

当 $h_x < h/2$ 时

$$r_x = (h - 1.53 h_x) P$$

52. 如何计算两平行等高避雷线的保护范围？

两平行等高避雷线的保护范围按如下方法确定，如图 8-15 所示。

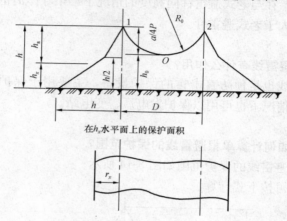

在 h_x 水平面上的保护面积

图 8-15　两平行等高避雷线 1 及 2 的保护范围图

两线外侧的保护范围应按单线计算，两线横截面的保护范围可以通过两线 1、2 点及保护范围上部边缘最低点 O 的圆弧所确定，O 点的高度就按下式计算

$$h_0 = h - C/4P$$

式中　C——两线间的距离，m。

53. 如何计算两根不等高避雷线的保护范围？

两根不等高避雷线的保护范围可按双支不等高避雷针的保护范围的确定原则求得，可参阅本章第 46 题。

54. 避雷器有什么作用？

避雷器是预防雷电波、限制过电压以保护电气设备的重要防雷保护设备。

55. 避雷器主要有哪几种？各有什么作用？

避雷器有阀式和管式两大类，阀式避雷器又分普通型和磁吹型，管式避雷器按用途可分为一般线路型和一般配电型。避雷器的类型主要有保护间隙、管型避雷器、阀型避雷器和氧化锌避雷器等几种。

保护间隙和管型避雷器主要用于限制大气过电压，一般用于配电系统、线路和发电厂、变电站进线段的保护。

阀型避雷器用于变电站和发电厂的保护，在 220kV 及以下系统主要用于限制大气过电压，在超高压系统中还将用来限制内过电压或做内过电压的后备保护。

阀型避雷器及氧化锌避雷器的保护性能对变压器或其他电气设备的绝缘水平确定有着直接的影响，因此，改善它们的保护性能具有很重要的经济意义。

56. 避雷器的工作原理是怎样的？

避雷器的连接如图 8-16 所示。当雷电波入侵，先经避雷器放电削幅至被保护电气设备的绝缘水平以下，使被保护设备不致被雷电击穿损坏。

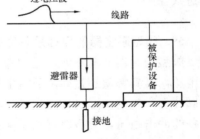

图 8-16 避雷器的连接图

57. 避雷器的运行参数有哪些？

最高允许工作电压：当电网接地时，不应高过此电压，以利熄弧，例如 35kV；不接地系统为 41kV。

动作电压：使放电间隙击穿的电压，分直流、交流或冲击电压。

残压：有电流流通期间，避雷器上电压的最高值。

泄漏电流：指直流试验电压作用下的电流，其值随温度上升而增大。

58. 保护间隙与管型避雷器的原理是怎样的？

保护间隙（即主间隙和辅助间隙）由两个电极组成，常用的有角型间隙。为使被保护设备得到可靠地保护，间隙的伏秒特性上限应低于被保护设备绝缘的冲击放电伏秒特性的下限，并有一定的安全度。当雷电波入侵时，间隙先击穿，工作母线接地，避免了被保护设备上的电压升高，从而保护了设备。过电压消失后，间隙中仍有由工作电压所产生的工频电弧电流（称为续流），此电流是间隙安装处的短路电流，由于间隙的熄弧能力差，往往不能自行熄灭，将造成线路断路器跳闸，这是保护间隙的主要缺点。

管型避雷器实质上是一种具有较高熄弧能力的保护间隙，它有两个相互串联的间隙，一个在大气中称为外间隙，另一个装在管内称为内间隙或灭弧间隙。

由于管型避雷器的放电特性受大气条件影响较大，因此，目前只用于线路保护（如大跨越和交叉档距，以及发电厂、变电站的进线保护）。

59. 阀型避雷器的原理是怎样的？

阀型避雷器的基本元件是间隙和非线性电阻。当系统中出现过电压，且其幅值超过间隙放电电压时，间隙击穿，冲击电流通过阀片上产生的压降（称为残压）将得到限制，使其低于被保护设备的冲击耐压，设备就得到了保护。

60. 普通型避雷器有什么特点？

普通型避雷器的熄弧是自然熄弧，没有采取强迫熄弧的措施；其阀片的热容量有限，不能承受较长持续时间的内过电压冲击电流的作用。因此，通常不容许在内过电压下动作，只用于220kV及以下系统限制大气过电压。

61. 磁吹型避雷器有什么特点？

磁吹型避雷器利用磁吹电弧来强迫熄弧，其单个间隙的熄弧能力较高，能在较高恢复电压下切断较大的工频续流，因此，串联的间隙和阀片的数目都较少，且冲击放电电压和残压较低，保护性能较好。

62. 氧化锌避雷器的原理是怎样的？

氧化锌避雷器的阀片以氧化锌为主要材料，附以少量精选过的金属氧化物，在高温下烧结而成。氧化锌阀片具有很理想的非线性伏安特性，其在工作电压下实际上相当于绝缘体。在雷电流冲击作用下迅速动作呈现小电阻使其残压足够低，从而使保护电气设备不受雷电过电压损坏。当冲击电流过后，工频电压作用下，避雷器阀片呈现大电阻，使工频续流趋于零。

63. 氧化锌避雷器有什么优点？

氧化锌避雷器相对于磁吹阀式避雷器有如下优点：

（1）结构简单，造价低廉，性能稳定。

（2）没有串联火花间隙，改善了避雷器在陡波下的保护性能。

（3）在雷电过电压下动作后，无工频续流，使通过避雷器的能量大为减少，从而延长了工作寿命。

（4）氧化锌阀片通流能力大，提高了避雷器的动作负载能力和电流耐受能力。

（5）无串联间隙，可直接将阀片置于六氟化硫组合电器中或充油设备中。

由于上述优点，使氧化锌避雷器在雷电过电压防护上较磁吹阀式避雷器更胜一筹。目前，氧化锌避雷器被广泛用于电力系统中，正逐渐取代磁吹阀式避雷器。

64. 避雷针有哪些安装要求？

110kV 及以上的屋外配电装置的避雷针可装在出线等架构上（除变压器门型架外）。35kV 变电站，因其设备绝缘水平低，应装独立避雷针，与道路距离应大于 3m，否则，地网应采取均压措施。

避雷针集中接地装置电阻不大于 10Ω，一般不与电站接地装置相连，其间距离

$$D_e \geqslant 0.3R_{1a}$$

式中　R_{1a}——冲击接地电阻，Ω；

　　　D_e——距离，m。

D_e 一般不小于 3m，如不能保证，可将避雷针和变电站两者的接地装置相连，但应保证连接点到变压器和 35kV 以下设备接线的入地点，沿接地体的地中距离大于 15m，防止雷电流经地电阻产生的高电位，对被保护物体放电，即"反击"。

避雷针至被保护物体的空气距离

$$D_e = 0.3R_{1a} + 0.1h$$

式中　h——保护点高度，m。

D_e 一般不小于 5m。

65. 避雷针在运行维护及异常处理过程中应注意哪些问题？

（1）在避雷针支柱上和变电站安装有避雷针或避雷线（架空地线）的门型架上，严禁架设电视天线、通信线、广播线、低压线等。

（2）避雷针构架上如装有探照灯或其他形式的照明灯，其电源导线应用铠装或铅皮电缆，并直接埋入地中不少于 10m，其金属外皮应与接地体相连。

（3）雷电临近变电站时，一切人员应远离避雷针 5m 以外，不得在户外配电装置场地上逗留。

（4）避雷针支架应无断裂、锈蚀、倾斜，基础牢固。

（5）避雷针接地引下线应连接牢固、无锈蚀。

66. 避雷器的特性是怎样的？

避雷器是由火花间隙、阀型电阻盘等元件组成，装在密封瓷套内，各元件特性如下：单位火花间隙如图 8-17 所示，间隙 0.5

～1mm，用云母垫片隔开，几个单位间隙串联成的标准元件如图 8-18 所示。

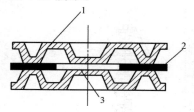

图 8-17　单位火花间隙图

1—电极；2—云母垫片；3—工作面

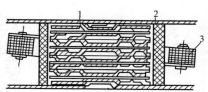

图 8-18　火花间隙标准元件图

1—单位火花间隙；2—黄铜
盖；3—并联分路电阻

　　FZ 型阀型避雷器如图 8-19 所示。35kV 以上的 FZ 型阀型避雷器均为 FZ 型 10、20、30kV 的元件组成，如 FZ-35 型阀型避雷器由 2×FE-15 型元件组成；FE-110 型阀型避雷器，由 4×

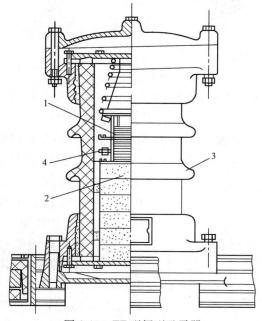

图 8-19　FZ 型阀型避雷器

1—火花间隙；2—阀性电阻；3—瓷套；4—并联电阻

FZ-30 型元件组成。元件上下有接线端子，图 8-20 所示为阀型避雷器的组合图。

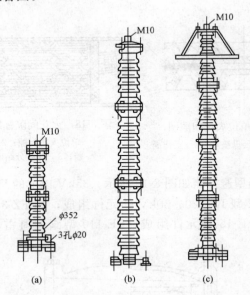

图 8-20　阀型避雷器的组合图

(a) FZ-35 型阀型避雷器的组合图；(b) FZ-60 型阀型避雷器的组合图；
(c) FZ-110J 型阀型避雷器的组合图

磁吹型避雷器类似 FZ 型阀型避雷器，只是在间隙中加上磁吹灭弧元件，性能进一步提高。氧化锌避雷器采用压敏电阻型非线性伏安特性较好的金属氧化物构成，对大气过电压和操作过电压均能起到保护作用。

阀型避雷器还装有动作计数器，原理接线如图 8-21 所示。放电时，电容 C 充电后，即对计数器电感 L 放电，L 产生磁通，吸引计数器的衔铁动作，来记录

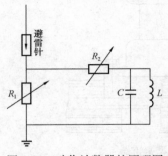

图 8-21　动作计数器的原理图

次数。

动作计数器端子串联于避雷器的接地端，用来记录放电动作次数。其中，6196 型适于 FZ-35-220 型闪型避雷器，在过电压波形为 $10 \sim 20\mu s$、电流幅值为 $100 \sim 500A$ 时均能可靠动作。6096 型适于 FCE-100-330J 型磁吹型避雷器。

动作计数器的安装接线如图 8-22 所示。

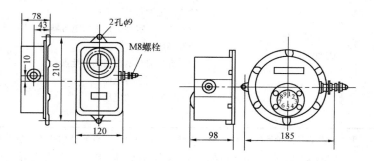

图 8-22　动作计数器的外形图

67. 各型避雷器的应用范围是怎样的？

各型避雷器的应用范围详见表 8-5。

表 8-5　　　　　　　　各型避雷器的应用范围

型号	形　式	应用范围
FS	配电用普通型	10kV 及以下的配电系统、电缆终端盒
FZ	电站用普通型	3～220kV 发电厂、变电站的配电装置
FCZ	电站用磁吹阀型	（1）330kV 及以上配电装置。 （2）220kV 及以下需要限制操作过电压的配电装置。 （3）降低绝缘的配电装置。 （4）布置场所特别狭窄或高烈度地震区。 （5）某些变压器的中性点

型号	形　式	应用范围
FCX	线路用磁吹阀型	330kV 及以上配电装置的出线上
FCD	旋转电机用磁吹阀型	发电机、调相机等，户内安装
Y 系列	金属氧化物（氧化锌）阀型	（1）同 FCD、FCX、FCZ 型磁吹阀型避雷器的应用范围[①]。 （2）并联电容器组、串联电容器组。 （3）高压电缆。 （4）变压器和电抗器的中性点。 （5）全封闭组合电器。 （6）频繁切合的电动机

①　对非直接接地系统，多在特殊情况下（如弱绝缘、频繁动作或需要释放较大能量）使用金属氧化物避雷器。型号含义：F—阀型；S—配电网；Z—电站用；J—中性点接地；C—磁吹；Y—金属氧化物；N—充氮。

68. 避雷器在运行维护及异常处理过程中应注意哪些问题？

（1）避雷器内部有无异常响声。

（2）瓷套、端盖及其橡胶衬垫应完整，无裂纹、破损、断股、污秽、闪络痕迹。

（3）引线和接地线无锈蚀、烧伤、散股、断股，接地良好。

（4）套管与法兰连接处水泥结合缝及上端引线处密封应良好。

（5）放电计数器应完好，连接可靠。

（6）每年雷雨季节到来前应检查。

（7）雷雨天气后的特巡应进行如下检查：引下线是否松动，本体是否有摆动，均压环是否歪斜，瓷套是否闪络、损伤，放电计数器的动作情况。

（8）避雷器出现下列现象时，应采取措施进行故障处理：

1）避雷器瓷套破裂或爆炸，造成永久接地故障时，人员避免靠近，应设法改变运行方式，并用断路器将其断开。

2）避雷器内部有异常响声、瓷套裂纹、连接线或接地引下线严重烧伤或烧断、动作指示器烧毁或内部烧黑，应断开处理，在断开之前，如检查有接地现象，则不得用隔离开关断开，应变换一次接线方式，使用断路器断开，对 FZ 型避雷器在非雷雨季节可退出修试更换。

（9）对氧化锌避雷器，应按期测量其泄漏电流。

69. 避雷器的试验及验收项目有哪些内容？

（1）交接试验项目：测绝缘电阻、泄漏电流、串联元件非线性系数差、做工频及冲击放电电压试验。

（2）大修（解体）试验项目：所有交接项目及密封情况试验。

（3）预防性试验项目：对 FZ 型避雷器做绝缘、泄露电流、非线性试验，对 FS 型避雷器做绝缘和工频放电电压试验。

（4）验收：符合设计及技术要求、试验合格、外部瓷件完好、瓷套与法兰结合、封口处密封良好、安装垂直、均压环水平、拉紧绝缘子紧固、接地良好。

70. 如何测量和检查避雷器？

（1）测量绝缘电阻。对阀型避雷器测量绝缘电阻时，应使用 2500V 绝缘电阻表。对无并联电阻的阀型避雷器，测量绝缘电阻的目的主要是检查其内部元件有无受潮情况；对有并联电阻的避雷器，测量目的主要是检查其内部元件的通断情况。因此，测量绝缘电阻与避雷器的形式有关。

没有并联电阻的避雷器，如 FS 型（包括 PB 型、LX 型等）避雷器的绝缘电阻，在交接时应大于 2500MΩ，运行中应大于 2000MΩ，有并联电阻的避雷器，如 FZ 型（包括 PBC 型）、FCZ 型和 FCD 型避雷器的绝缘电阻没有规定明确的标准，应将测得值与前一次或同一形式的测量数据相比较，两者应无明显的差别。

（2）测量泄漏电流及串联元件的非线性系数。测量泄漏电流实际上测量的是其并联电阻的电导电流，因此，仅对有并联电阻的避雷器（如 FZ 型、FCZ 型、FCD 型）进行该项试验。

测量泄漏电流的目的是检查并联电阻性能有无变化，有无开焊、断裂以及避雷器内部元件是否严重受潮等，另外，串联组合使用的避雷器元件，在测量泄漏电流的同时，可以测量计算避雷器并联电阻的非线性系数及其差值，以此来判断各避雷器元件是否适合串联组成使用。

FZ 型、FCZ 型、FCD 型避雷器的泄漏电流测量结果按制造厂标准与历年数据比较，不应有显著变化，同一相内串联组合元件的非线性系数差值，在交接时及运行时不应大于0.05。

（3）测量工频放电电压。工频放电电压是阀型避雷器的主要电气特性参数之一，工频放电电压符合规定的避雷器，才能保证其在运行中正常工作，保护设备免遭大气过电压的损坏。测量工频放电电压的目的主要是检查避雷器的放电特性，将测得值与标准值比较，可以了解避雷器的灭弧能力、内部装配和元件绝缘情况等是否正常。

FZ 型、FCZ 型、FCD 型避雷器的试验标准按制造厂家的规定，10kV 的 FS 型避雷器，新安装及大修后，其工频放电电压应在 26～31kV 以内，运行中的应在 23～33kV 以内。

（4）密封检查。避雷器内部的各元件都需要干燥情况下才能保证其工作性能良好，一般对避雷器采取抽气法密封检查，用真空泵的抽气嘴接在避雷器底盖的抽气孔上，开动真空泵使避雷器内腔真空度达 380～400mmHg，观察 5min，若真空度下降不超过 1mmHg，即可判别避雷器密封良好。

阀型避雷器具体的试验项目、周期、要求及说明表 8-6，金属氧化物避雷器（氧化锌避雷器）的试验项目、周期、要求及说明详见表 8-7。

表 8-6　　　　　阀型避雷器的试验项目、周期、要求及说明

序号	项目	周期	要　　求	说　明
1	绝缘电阻	(1) 发电厂、变电站避雷器：每年雷雨季节前。 (2) 线路上避雷器：1～3 年。 (3) 大修后。 (4) 必要时。 (5) 变压器 10kV 侧的避雷器：随变压器试验周期进行	(1) FZ 型（包括 PCB 型、LD 型）、FCZ 型和 FCD 型避雷器的绝缘电阻自行规定，但与前一次或同类型避雷器的测量数据比较，不应有显著变化。 (2) FS 型避雷器的绝缘电阻应不低于 $2500\text{M}\Omega$	(1) 采用 2500V 及以上的绝缘电阻表。 (2) FZ 型、FCZ 型和 FCD 型避雷器主要检查并联电阻通断和接触情况
2	电导电流及串联组合元件的非线性因数差值	(1) 每年雷雨前。 (2) 大修后。 (3) 必要时	(1) FC 型、FCZ 型和 FCD 型避雷器的电导电流参考值见说明书或制造厂规定值，还应与历年数值比较，不应有显著变化。 (2) 同一相内串联组合元件的非线性因数差值，应不大于 0.05，电导电流相差值应不大于 30%。 (3) 试验电压如下： {元件额定电压 (kV): 3, 6, 10, 15, 20, 30; 试验电压 U (1kV): —, —, —, 8, 10, 12; 试验电压 U (2kV): 4, 6, 10, 16, 20, 24}	(1) 整流回路中加滤波电容器，其电容值一般为 $0.01\sim0.1\mu\text{F}$，并应在高压侧测量电流。 (2) 由两个及以上元件组成的避雷器应对每个元件进行实验。 (3) 非线性因数差值及电导电流差计算参见相关资料。 (4) 可用带电测量方法进行测量，如对测量结果有疑问时，应根据停电测量的结果做出判断。 (5) 如 FZ 型避雷器的非线性因数差值大于 0.05，但电导电流合格，允许做换节处理，换节后的非线性因数差值应不大于 0.05。 (6) 运行中的 PBC 型避雷器的电导电流一般应在 $300\sim400\mu\text{A}$ 范围内

上表中试验电压表格：

元件额定电压 (kV)	3	6	10	15	20	30
试验电压 U (1kV)	—	—	—	8	10	12
试验电压 U (2kV)	4	6	10	16	20	24

序号	项目	周期	要　　求	说　明
3	工频放电电压	（1）1～3年。（2）大修后。（3）必要时。（4）变压器10kV侧的避雷器：随变压器试验周期进行	FS型避雷器的工频放电电压在下列范围内： 额定电压（kV）：3 / 6 / 10 放电电压（kV）大修后：9～11 / 16～19 / 26～31 放电电压（kV）运行中：8～12 / 15～21 / 23～33	带有非线性并联电阻的阀型避雷器只在解体大修后进行
4	底座绝缘电阻	（1）发电厂、变电站的避雷器：每年雷雨季前。（2）线路上的避雷器：1～3年。（3）大修后。（4）必要时	自行规定	采用2500V及以上绝缘电阻表
5	检查放电计数器的动作情况	（1）发电厂、变电站的避雷器：每年雷雨季前。（2）线路上的避雷器：1～3年。（3）大修后。（4）必要时	测试3～5次，均应正常动作，测试后计数器指示应调到"零"，不便复零时要记录最后的指示位置	可用计数器检测仪或电容器充放电法进行

续表

序号	项目	周期	要　　求	说　明
6	检查密封情况	（1）大修后。 （2）必要时	避雷器内腔抽真空至（300～400）×133Pa后，在5min内其内部气压的增加不应超过100Pa	

表 8-7　金属氧化物避雷器的试验项目、周期、要求及说明

序号	项目	周期	要　　求	说　明
1	绝缘电阻	（1）发电厂、变电站的避雷器：每年雷雨季前。 （2）线路上的避雷器：1～3年。 （3）大修后。 （4）必要时。 （5）变压器10kV侧的避雷器和中性点的避雷器：随变压器试验周期进行	（1）35kV以上，不低于2500MΩ。 （2）35kV及以下，不低于1000 MΩ	（1）采用2500V及以上绝缘电阻表。 （2）可进行带电监测。根据运行经验，停电试验周期可延长至3～5年

序号	项目	周期	要　　求	说　明
2	直流 1mA 时电压(U_{1mA})及 0.75U_{1mA}下的泄漏电流	（1）发电厂、变电站的避雷器：每年雷雨季前。 （2）线路上避雷器 1～3 年。 （3）大修后。 （4）必要时。 （5）变压器 10kV 侧的避雷器和中性点的避雷器：随变压器试验周期进行	（1）不得低于 GB 11032—2010《交流无间隙金属氧化物避雷器》规定值。 （2）U_{1mA}实测值与初始值或制造厂规定值比较，变化不应大于±5%。 （3）0.75U_{1mA}下的泄漏电流不应大于 50μA	（1）要记录试验时的环境温度和相对湿度。 （2）测量电流的导线应使用屏蔽线。 （3）初始值是指交接试验或投产试验时的测量值。 （4）直流参考电压应按制造厂提供的直流参考电压值进行测量。 （5）可进行带电监测。根据运行经验，停电试验周期可延长至 3～5 年

续表

序号	项目	周期	要　求	说　明
3	运行电压下的交流泄漏电流	（1）新投运的 110kV 及以上者：投运 3 个月后测量 1 次；以后每半年 1 次；运行 1 年后，每年雷雨季节前 1 次。 （2）必要时	（1）测量运行电压下的全电流、阻性电流或功率损耗应和制造厂提供或交接时测量的初始值比较，也可参照下列数值判定合格范围： 接地方式 / 全电流（mA）/ 阻性电流（mA） 中性点有效接地：110～220kV：0.3～0.6 / 0.1～0.25；500kV：1.1～2.0 / 0.2～0.5 中性点非有效接地：0.1～0.3 / 0.015～0.06 电流值有明显变化时应加强监测，当阻性电流增加 1 倍时，应停电检查，并以序号 2 的试验结果为准。 （2）当阻性电流增加到初始值的 150％时，应适当缩短监测周期	应记录测量时的环境温度、相对湿度和运行电压。测量宜在瓷瓶表面干燥时进行。应注意相间干扰的影响
4	工频参考电流下的工频参考电压	必要时	应符合 GB 11032—2010 或制造厂规定	（1）测量环境温度（20±15）℃。 （2）测量应每节单独进行，整相避雷器有一节不合格，应更换该节避雷器（或整相更换），使该相避雷器为合格。 （3）工频参考电压应按制造厂提供的工频参考电流值进行测量

序号	项目	周期	要　　　求	说　明
5	底座绝缘电阻	（1）发电厂、变电站的避雷器：每年雷雨季前。 （2）线路上的避雷器：1～3年。 （3）大修后。 （4）必要时	自行规定	（1）采用2500V及以上的绝缘电阻表。 （2）可进行带电监测。根据运行经验，停电试验周期可延长至3～5年
6	检查放电计数器的动作情况	（1）发电厂、变电站的避雷器：每年雷雨季前。 （2）线路上的避雷器：1～3年。 （3）大修后。 （4）必要时	测试3～5次，均应正常运作，测试后计数器指示应调到"零"，不便复零时要记录最后指示的位置	（1）可用计数器监测仪或电容器充放电法进行。 （2）可进行带电监测。根据运行经验，停电试验周期可延长至3～5年
7	外观检查	1～2年	应无粉化、裂纹、电蚀、外套材质变硬等现象	

71. 如何对配电变压器进行防雷保护?

配电变压器防雷保护如图 8-23 所示。

此种保护是在配电变压器两侧均装设避雷器，并把高、低压侧避雷器，中性线 n，PE 线及外壳五点共同接入接地极内。接地电阻 R_e，100kVA 及以上的配电变压器的接地电阻 $R_e \leqslant 4\Omega$，100kVA 以下的配电变压器的接地电阻 $R_e \leqslant 10\Omega$。

72. 如何对低压线路进行防雷保护？

对低压线路的防雷保护宜在变压器低压侧加装避雷器，如图 8-23 所示的 2F。在低压线路进入用户处将低压绝缘子铁脚接地或在用户处安装低压避雷器。接地电阻 $R_e \leqslant 30\Omega$。

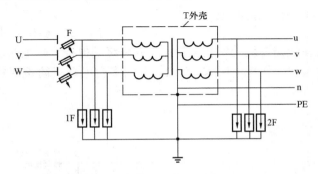

图 8-23　配电变压器防雷保护示意图

U、V、W—高压侧 10kV 线路；T—变压器；u、v、w、n—低压侧 0.4kV 线路；F—跌落式熔断器；PE—保护接线；1F—高压侧避雷器；2F—低压侧避雷器

73. 如何对电容器进行防雷保护？

装在配电箱、低压落地式变台、组合式箱式变台、杆式变台内的电容器，应在低压侧母线上装设避雷器。电容器防雷保护如图 8-24 所示。

避雷器的接地电阻值同配电变压器的接地电阻值。同时，把电容器的外壳也接到 PE 线上。

对于安装在变电站电容器上的防雷保护，可采用变电站母线上的避雷器进行保护。

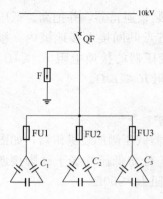

图 8-24　电容器防雷保护图

对于安装在配电变台上的电容器，可利用配电变压器台上的避雷器保护。

74. 如何对电动机进行防雷保护？

（1）单台电动机防雷保护。容量在 300kW 以上的电动机，要做防雷保护措施，其接线如图 8-25 所示。

（2）车间多台电动机防雷器保护，可在线路进线处安装避雷器，并将终端电杆上的绝缘子铁脚或螺栓接地，接地电阻 $R \leqslant 10\Omega$，车间多台电动机防雷保护安装如图 8-26 所示。

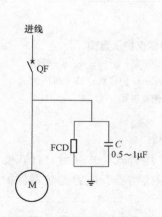

图 8-25　单台电动机防雷保护图

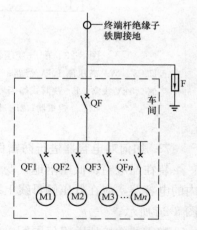

图 8-26　车间多台电动机防雷
保护安装图

F—避雷器；QF—总断路器；QF1～
QFn—断路器；M1～Mn—电动机

75. 如何对柱上式断路器进行防雷保护?

柱上式断路器的防雷保护如图 8-27 所示。

76. 如何对电能计量装置进行防雷保护?

电能计量装置的防雷保护如图 8-28 所示。

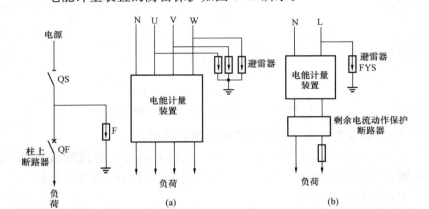

图 8-27　柱上式断
路器的防雷保护图

图 8-28　电能计量装置的防雷保护图
（a）三相电能计量装置；（b）单相电能计量装置

77. 主动防雷措施能预防哪些雷电?

（1）防直击雷。防直击雷采用避雷针，避雷针上空的保护区内形成一个保护伞，如图 8-29 所示。

在此保护伞范围内的设备，都可以得到保护。避雷针保护若把避雷针向下延长，就形成一个伞把，很像雨伞，雨伞遮盖了下面的设备，所以叫遮盖法。避雷线也是防止直击雷的设备，采用的方法也是遮盖法。

（2）防止感应雷措施一般采用在被保护设施两端装设避雷器或保护间隙，将雷电波峰陡度降低，即把雷电峰值堵截在被保护设施外，所以叫堵截法。

281

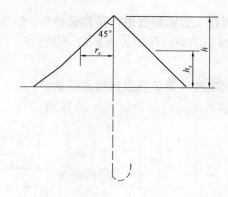

图 8-29　避雷针的保护伞示意图

r_x—保护半径；h_x—被保护物高度；h—避雷针高度

78. 被动防雷措施主要应用于哪些场所？

（1）加装自动重合闸，当雷击线路时，可能造成断路器跳闸，如未造成永久性故障时，则在很短时间内断路器又重新合上，恢复正常供电。

（2）降低线路避雷线的接地电阻，有利于雷电流顺利泄入大地，降低雷电过电压水平。

（3）低压线路的进户线末端的针瓶或蝴蝶式绝缘子（茶台）铁脚或螺栓可靠接地。

（4）提高线路的绝缘水平，因绝缘水平提高后的耐雷水平高，所以不宜被雷击穿。

79. 什么是等电位连接？

等电位连接是把所有可能同时触及或接近的，在故障情况下可能带不同电位的裸露导体（包括电气设备以外的裸露导体）互相连接起来，等化它们之间的电位，以防止出现危险的接触电压的连接保护方式。

80. 等电位连接是怎样接线的？

图 8-30 所示为两台距离较近、人体可同时触及的设备外壳

间的等电位连接。

图中虚线是等电位连接线。如果没有等电位连接线，当这两台设备发生不同相的碰壳故障时，各设备外壳将带有不同的对地电压。如有人同时触及这两台设备时，其所受的接触电压为线电压，触电的危险性极大；

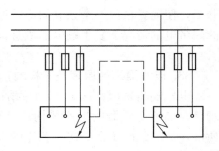

图 8-30　等电位连接

如果两台设备的外壳用导线连接起来，在人体对地绝缘良好的情况下，接触电压几乎为零（只等于相间短路电流在等电位连接线上的压降），触电危险便可消除。对要求采用等电位连接的设备，其所用插座应带有供等电位连接的专用插孔。

81. 什么是不导电环境？不导电环境有什么安全要求？

不导电环境是指地板和墙都用不导电材料制成的用电场所。

为防止在场所内出现危险的接触电压，不导电环境必须符合以下安全要求：

（1）工频额定电压 500V 及以下者，地板和墙每一点的绝缘电阻不应小于 50kΩ，额定电压 500V 以上者不应小于 100kΩ。

（2）保证可能出现不同电位的两点之间的距离超过 2m，否则应设置屏障，以防止人体在工作绝缘损坏后同时触及不同电位的导体。

（3）为了保持不导电特征，场所内不得有保护接零或保护接地线。

（4）有防止场所内可能的高电位引出场所范围的措施。

82. 什么是电气隔离？

电气隔离是将向用电设备供电的分支网络与整个电源系统经隔离变压器或具有同等隔离能力的发电机在电气上隔离（绝缘）

开来，使前者自成一个独立的不接地的网络，以防止在裸露导体故障带电的情况下发生触电的危险。

83. 电气隔离的原理是怎样的？

电气隔离采用变比为 1：1 的隔离变压器来实现，其保护原理是在隔离变压器的二次侧构成一个不接地的电网，如图 8-31 所示，从而阻断了在二次侧工作的人员单相触电时电击电流的通路。通常使用的安全变压器实质上也是利用电气隔离的原理工作的，只不过把二次电压降至安全电压罢了。

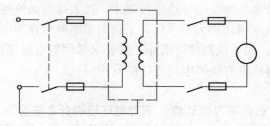

图 8-31　电气隔离变压器接线图

84. 实现电气隔离，应满足哪些条件？

（1）每一分支电路使用一台隔离变压器（或发电机），变压比可为 1：1，也可根据二次电压的要求改变变比，但二次电压不得超过 500V。

（2）隔离变压器的一、二次侧应有加强绝缘或双重绝缘结构，其耐压须符合Ⅱ类电工产品的要求。以防止一、二次回路因绝缘击穿而发生电气连接。

（3）被隔离的二次侧电路保持独立，不得与其他电路及大地有任何电气连接。由图 8-32 可见，当一、二次侧电路发生连接时，若有人在二次侧触及带电导体，将有电流在人体、一、二次侧连接处和二次侧的接地电阻构成的回路中流通，十分危险。为确保二次侧电路的独立性，还必须有防止二次侧电路故障接地和

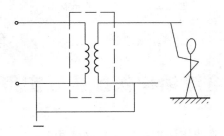

图 8-32　隔离变压器一、二次侧连接的危险

窜连其他电路的措施。因为二次回路一旦发生接地故障，电气隔离措施将完全失效。对于二次回路较长者，还应装设绝缘监测装置，以监察隔离回路的绝缘状况。

（4）被隔离的二次侧线路长度不可过长，当电压为 220V 时，不宜超过 500m；当电压为 500V 时，不宜超过 200m。

（5）在被隔离的电路中，原则上一台隔离变压器只向一台用电设备供电。如果向多台用电设备供电，则所有用电设备的外露可导电部分要做等电位连接。

第九章

剩余电流动作保护装置实用技术

1. 剩余电流动作保护装置有什么作用?

为防止发生触电事故,通常将电气设备的外壳实行保护接地,但是,在某些情况下,这种保护措施的运用受到限制或者起不到保护作用。例如,远距离单台设备和不便敷设接地体、接地线的场所,土壤电阻率太高的地点,很难实现电气设备的接地。此外,人体与带电设备直接接触时,接地也起不到保护作用。剩余电流动作保护装置,在人体触及带电体或漏电的电气设备时,能在0.1s内立即切断电源,从而可靠地保证人身安全,同时,它能够有效地保护电气线路和电气设备,当两者的绝缘损坏时,也能迅速切断电源。有的剩余电流动作保护装置还能切除缺相运行的三相异步电动机的电源。

2. 剩余电流动作保护装置按工作原理如何分类?

剩余电流动作保护装置按其电气工作原理,可分为电压动作型和电流动作型两大类。电压型剩余电流动作保护装置属于早期研制的产品,由于结构复杂、成本高、检测性能差、动作特性不稳定和容易误动作,目前已不再使用,目前普遍应用的是电流型剩余电流动作保护装置。

3. 电流型剩余电流动作保护装置一般应用于哪些地方? 有什么作用?

电流型剩余电流动作保护装置可以装在低压电网的任一分支线路上或任一用户处,能实现分级保护和减小保护器动作时的停电范围。

4. 零序电流型剩余电流动作保护装置有哪几种？

电流型剩余电流动作保护装置以零序电流作为动作信号，分为电流互感器和无电流互感器两种零序电流型剩余电流动作保护装置。

5. 有电流互感器的零序电流型剩余电流动作保护装置，有什么作用和特点？

有电流互感器的零序电流型剩余电流动作保护装置，可以作为接地或不接地系统中的设备和线路的剩余电流动作保护装置，既可起漏电、触电和短路保护作用，也可用来防止由于设备绝缘损坏，产生接地故障电流而引起的火灾、爆炸等事故。其优点是应用范围广、管理方便、工作可靠、使用效果好，但其结构较复杂，制作精度要求高，并且造价也较高。

6. 有电流互感器的零序电流型剩余电流动作保护装置是如何分类的？

有电流互感器的零序电流型剩余电流动作保护装置按极数分，有四极（用于三相四线制）、三极（用于三相三线制）和二极（用于单相二线制）三种；按灵敏度分，有高灵敏度、中灵敏度和低灵敏度三种；按动作时间分，有快速型、延时型和反时限型（即动作电流越大，动作时间越短）三种；按中间结构分，有电磁脱扣型、灵敏继电器型和晶体管放大型三种。

7. 电磁脱扣型有电流互感器的零序电流型剩余电流动作保护装置的工作原理是怎样的？有什么特点？

电磁脱扣型剩余电流动作保护装置以极化电磁铁作为中间机构，其工作原理如图 9-1 所示。

图中 TA 为零序电流互感器，三相导线从互感器孔中穿过，作为互感器的一次侧，互感器的二次侧与极化电磁铁的线圈相连。当线路或设备正常运行时，三相电流的相量和为零，二次侧

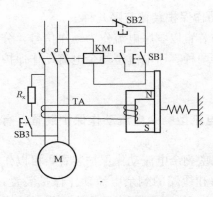

图 9-1　电磁脱扣型剩余电流动作
保护装置的原理图

没有电压，衔铁在永久磁铁作用下被吸合在铁轭上，保护装置不动作。当线路或设备发生单相接地等故障时，三相电流的相量和不为零，二次侧产生电压，电磁铁的线圈中有电流通过，该电流产生磁通与永久磁铁的磁通抵消，衔铁被弹簧拉开，使接触器的线圈断电，接触器动作，将电源断开。

　　电磁脱扣型保护装置的结构简单，承受过电流和过电压冲击的能力较强，主电路缺相时仍能够发挥作用，动作电流可整定在 30mA 以下。但是，极化电磁铁易受干扰，应采用密封式结构并加以屏蔽。安装时，其应尽量远离外磁场，以免灵敏度受周围环境的影响。

　　8. 灵敏继电器型有电流互感器的零序电流型剩余电流动作保护装置的工作原理是怎样的？有什么特点？

　　灵敏继电器型剩余电流动作保护装置以灵敏继电器作为中间结构，其接线如图 9-2 所示。当线路或设备漏电时，互感器二次侧的感应电流流过灵敏继电器 K1 的线圈，使其动作，并通过中间继电器 K2 使接触器 KM1 将电源断开。这种保护器的特点与电磁脱扣型保护器相同，其动作电流也可整定

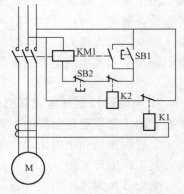

图 9-2　灵敏继电器剩余电流动作
保护装置接线图

在 30mA 以下。

9. 晶体管放大型有电流互感器的零序电流型剩余电流动作保护装置的工作原理是怎样的？有什么特点？

晶体管放大型剩余电流动作保护装置以晶体管放大器作为中间机构，其接线如图 9-3 所示。当线路或设备漏电时，晶体管被触发，继电器 K1 中有电流通过，继电器动作，使接触器切断电源。这种保护器的优点是灵敏度高，动作电流可达到 5mA，动作准确，可以做到延时，便于实现分级保护。其缺点是承受冲击能力较低。

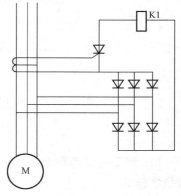

图 9-3　晶体管放大型剩余电流动作保护装置接线图

10. 无电流互感器的零序电流型剩余电流动作保护装置有什么作用和特点？

无电流互感器的零序电流剩余电流动作保护装置接线如图 9-4 所示。它主要用于中性点不直接接地的配电变压器，作为人身单相触电、单相和两相接地、单相或两相对地漏电的保护装置。当出现以上不正常情况时，中性点便产生一个对地电压，使灵敏电流继电器 K1 动作，通过接触器将电源断开。

这种保护装置的优点是结构简单，价格较低。其不足之处是使用范围不广，只能用于变压器中性点不接地的系统；电路存在分布阻抗，所以流过人体的电击电流只有一小部分从检测线圈反应出来；为动作可靠，需将动作电流整定得很小，造成保护器频繁动作；如果中性线对地绝缘强度降低或短路，这种剩余电流动作保护装置将失灵。

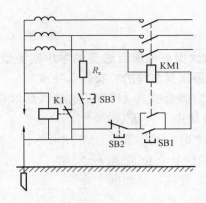

图 9-4　无电流互感器的零序电流剩余
电流动作保护装置接线图

11. 泄漏电流型剩余电流动作保护装置如何接线？其基本原理是怎样的？

　　泄漏电流型剩余电流动作保护装置的接线如图 9-5 所示。当发生单相触电事故时，三相平衡被破坏，TV 输出的零序电流经

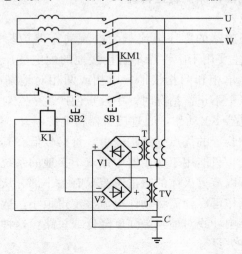

图 9-5　泄漏电流型剩余电流动作保护装置接线图

整流器 V2，使继电器动作，并通过接触器将电源断开。为保证保护器具有较高的灵敏度，变压器 T 和互感器 TV 的感抗应选得大些（500Ω 以上）。

12. 剩余电流动作保护装置的主要额定技术参数有哪些？

剩余电流动作保护装置的主要额定技术参数有动作电流 $I_{\Delta N}$ 和动作时间，另外还有额定电流 I_N、额定电压 U_N、辅助电源额定电压 U_{sN}、额定频率、额定短路接通分断能力、额定漏电接通分断能力等。选择剩余电流动作保护装置时应全面衡量这些额定技术参数。

13. 剩余电流动作保护装置的动作电流是如何规定的？

剩余电流动作保护装置的动作电流规范等级分为（0.05）、0.006、0.01、（0.015）、0.03、（0.075）、0.1、（0.2）、0.3、0.5、1、3、5、10、20A 等多个等级，国家标准规定，括号内的数值为不优先推荐采用值。其中，额定漏电动作电流（$I_{\Delta N}$）在 30mA 以下的剩余电流动作保护装置，属于高灵敏度剩余电流动作保护装置，主要用于防止各种人身电击事故；30～100mA 的剩余电流动作保护装置，属于中灵敏度保护器，主要用于防止电击事故和漏电火灾事故；100mA 以上的剩余电流动作保护装置属于低灵敏度保护器，用于防止漏电火灾和监视单相接地事故。

为了防止剩余电流动作保护装置误动作，其额定漏电不动作电流（$I_{\Delta N0}$）不得小于额定动作电流的 1/2（标准优选值为 $0.5I_{\Delta N}$）。

14. 剩余电流动作保护装置的动作时间是如何规定的？

动作时间又称分断时间。剩余电流动作保护装置的动作时间是指动作时的最长分断时间，具体选择时应根据保护要求来确定，有快速型、延时型和反时限型之分。

快速型动作时间不超过 0.1s。

延时型动作时间为 0.1～2s，国家标准推荐优选值为 0.2、0.4、0.8、1、1.5、2s。

反时限型动作时间有以下规定：1 倍动作电流时，动作时间不超过 1s；2 倍动作电流时，动作时间不超过 0.2s；5 倍动作电流时，动作时间不超过 0.03s。

用于防止人身触电的剩余电流动作保护装置，宜选用高灵敏度、快速型保护器，其动作电流与动作时间的乘积不应超过 30mA · s。

15. 哪些场所和设备必须安装剩余电流动作保护装置？

必须安装剩余电流动作保护装置的场所和设备如下：

(1) 属于 I 类的移动式电气设备和手持式电动工具。

(2) 安装在潮湿、强腐蚀性场所的电气设备。

(3) 建筑施工工地的电气施工机械。

(4) 临时用电的电气设备。

(5) 宾馆、饭店和招待所客房内的插座回路。

(6) 机关、学校、企业、住宅等建筑物内的插座回路。

(7) 游泳池、喷水池、浴池的水中照明设备。

(8) 安装在水中的供电线路和设备。

(9) 医院中直接接触人体的医用电气设备。

(10) 其他需要安装剩余电流动作保护装置的场所和设备。

16. 哪些场所和设备必须安装报警式剩余电流动作保护装置？

必须安装报警式剩余电流动作保护装置的场所和设备如下：

(1) 公共场所的通道照明和应急照明。

(2) 消防用电梯和确保公共场所安全的设备。

(3) 用于消防设备（如火灾报警装置、消防水泵、消防通道照明等）的电源。

（4）用于防盗报警的电源。

（5）其他不允许停电的特殊场所和设备。

17. 哪些设备可不装设剩余电流动作保护装置？

可不装设剩余电流动作保护装置的设备：

（1）由安全电压电源供电的电气设备。

（2）一般环境条件下使用的具有双重绝缘或加强绝缘的电气设备。

（3）由隔离变压器供电的电气设备。

（4）采用不接地的局部等电位连接安全措施的场所使用的电气设备。

（5）无间接触电危险场所的电气设备。

18. 选用剩余电流动作保护装置应考虑哪些因素？

剩余电流动作保护装置的选用，应根据供电方式、使用目的、安装场所、电压等级、被控制回路的泄漏电流和用电设备的接触电阻值等因素确定。

19. 如何根据电气设备的供电方式选择剩余电流动作保护装置？

（1）单相220V电源供电的电气设备，应选用二极二线式或单极二线式剩余电流动作保护装置。

（2）三相三线制380V电源供电的电气设备，应选用三极式剩余电流动作保护装置。

（3）三相四线制380V电源供电的电气设备，或者单相设备与三相设备共用电路，应选用三极四线式、四极四线式剩余电流动作保护装置。

20. 如何根据使用目的选择剩余电流动作保护装置？

用于防止人身电击的剩余电流动作保护装置，应根据直接接触保护和间接接触保护的不同要求来选用，两者的技术参数是不同的。

（1）直接接触保护。直接接触保护是防止人体直接接触带电导体而设置的保护装置。手持式电动工具、移动电器、家用电器插座回路和临时用电的拖拽供电线路等，操作者使用时经常与其发生接触，容易发生人体与带电导体直接接触的电击事故。在剩余电流动作保护装置切断电源之前，剩余电流动作保护装置不能限制通过人体的电击电流，它完全由导体的电压和人体的电阻所决定。为了尽量缩短人体电击的时间，应优先选用额定剩余动作电流不大于 30mA 的快速动作（0.1s 以内）型剩余电流动作保护装置。

额定电压在 50V 以上的 I 类电动工具，不仅应做接地保护，还应选用动作电流为 15mA 并在 0.1s 以内动作的快速动作型剩余电流动作保护装置。

医院中使用的医疗电气设备，应选用额定动作电流在 10mA 以下并在 0.1s 以内动作的快速型剩余电流动作保护装置。

（2）间接接触保护。剩余电流动作保护装置用于间接接触保护的目的，是在用电设备的绝缘损坏时，防止其金属外壳上出现危险的接触电压。所以，选择剩余电流动作保护装置动作电流（$I_{\Delta N}$）时，应与用电设备的接地电阻 R_e 和允许的接触电压 U_j 联系起来考虑，即

$$I_{\Delta N} = U_j / R_e$$

对于额定电压为 220V 或 380V 的固定式电气设备（如水泵、排风机、压缩机、农用电气设备和其他容易被人接触的电气设备），当其金属外壳接地电阻在 500Ω 以下时，单台电气设备可选用额定剩余动作电流为 30～50mA、0.1s 以内动作的剩余电流动作保护装置；对于额定电流在 100A 以上的大型电气设备或者带有多台电气设备的供电线路，可以选用额定剩余动作电流为 50～100mA 的快速动作型剩余电流动作保护装置。

当用电设备的接地电阻在 100Ω 以下时，也可选用额定剩余

动作电流为 200～500mA 的快速动作型剩余电流动作保护装置。对于某些较重要的电气设备，为了减少偶然停电事故，也可选用延时 0.2s 的延时动作型剩余电流动作保护装置。

21. 如何根据使用场所选择剩余电流动作保护装置？

在 380/220V 低压配电系统中，如果用电设备的金属外壳、构架等容易被人触及，同时这些用电设备又不能按照我国用电规程的要求使其接地电阻小于 4Ω 或 10Ω 时，除按上面介绍的间接接触保护要求，在用电设备供电线路上安装剩余电流动作保护装置外，还需根据不同的使用场所合理选择剩余动作电流。此外，在下列特殊场所应按其特点来选择剩余电流动作保护装置：

（1）安装在潮湿场所的电气设备，应选用额定剩余动作电流为 15～30mA 的快速动作型剩余电流动作保护装置。

（2）安装在游泳池、喷水池、水上游乐场、浴室的照明线路，应选用额定剩余动作电流为 10mA 的快速动作型剩余电流动作保护装置。

（3）在金属物体上使用手电钻、操作其他手持式电动工具或使用行灯，也应选用额定剩余动作电流为 10mA 的快速动作型剩余电流动作保护装置。

（4）连接室外架空线路的室内电气设备，应选用冲击电压不动作型剩余电流动作保护装置。

（5）剩余电流动作保护装置的防护等级应与使用环境相适应。对于电源电压偏差较大以及在高温或特低温环境中的电气设备，应优先选用电磁式剩余电流动作保护装置。

（6）安装在易燃、易爆或有腐蚀性气体环境中的剩余电流动作保护装置，应根据有关标准选用特殊防护式剩余电流动作保护装置。否则，应采取相应的防护措施。

22. 如何根据线路和用电设备的正常泄漏电流选择剩余电流

动作保护装置？

剩余电流动作保护装置的动作电流选择得很小，可以提高其灵敏度。但是，任何供电线路和用电设备的绝缘电阻不可能无穷大，总存在一定的泄漏电流。若剩余电流动作保护装置的动作电流选得过小，剩余电流动作保护装置或者不能投入运行，或者经常动作而破坏供电的可靠性。所以，为了保证电路运行稳定和供电不间断，应根据电路允许的泄漏电流，选择剩余电流动作保护装置的电流值。

通常，低压线路的泄漏电流随线路的绝缘电阻、对地静电容、湿度和温度等因素变化，即使是同一线路，接入的用电设备相同，在不同的季节，甚至早、中、晚不同时刻，测得的泄漏电流也不会相同。下面提供一些泄漏电流实测数据，供选择剩余电流动作保护装置时参考。

通常，额定电流为 25A 的各种用电设备，在正常状态下，其泄漏电流在 0.1mA 以下。电动机在启动瞬间，其泄漏电流约为正常运行时的 3 倍。我国居民家庭供电线路，如果使用 3A 电能表，正常情况下每户的泄漏电流约为 1mA；如果使用 25A 电能表，或用电设备较多，在阴雨天泄漏电流可达到 6mA。原则上，家用单相线路的泄漏电流超过线路最大供电电流的 1/3000，就应对线路进行检修。

我国农村低压配电线路的绝缘水平低于城市和工厂的配电线路绝缘水平，因此泄漏电流也较大。

农村低压配电线路的泄漏电流测量结果表明，泄漏电流值与配电变压器的容量大小无显著关系，但与低压线路中生活用电的居民户数却有密切关系。也就是说，无论配电变压器的容量大小如何，它供给生活用电的户数越多，泄漏电流越大。因此，在农村配电线路中安装剩余电流动作保护装置时，应重点考虑生活用电户数的多少。

通常，为单机配备的剩余电流动作保护装置，其动作电流应比该机正常运行中实测泄漏电流大 4 倍。分支电路的剩余电流动作保护装置，其动作电流应比该电路正常运行中实测泄漏电流大 2.5 倍，同时还应考虑最大一台用电设备正常运行时，保护装置的动作电流比其泄漏电流实测最大值应大 4 倍。用于主干线或全网总保护的剩余电流动作保护装置，其动作电流应比实测泄漏电流大 2 倍。

由于测定泄漏电流的方法较复杂，而且需使用专用的测试设备，一般电工人员无法进行这一测试工作。选用剩余电流动作保护装置时，可参照下列经验公式来选择。

对于居民生活用电的单相线路，计算式为

$$I_{\Delta N} \geqslant I_{max}/2000$$

式中　$I_{\Delta N}$——剩余电流动作保护装置的动作电流，mA；

　　　I_{max}——线路的实际最大供电电流，mA。

对于三相三线制或三相四线制动力线路及动力和照明混合线路，计算式为

$$I_{\Delta N} \geqslant I_{max}/1000$$

式中符号含义同单相线路计算公式。

23. 安装剩余电流动作保护装置前应做哪些检查？

首先应熟悉剩余电流动作保护装置铭牌标志，阅读其使用说明书，熟悉主回路、辅助电源、辅助触点等的接线位置，掌握操作手柄、按钮的开闭位置及动作后的复位方法。然后进行以下检查：

（1）检查额定电压与电路工作电压是否一致。

（2）检查额定工作电流必须大于电路最大工作电流。对于有过电流保护的剩余电流动作保护装置，其过电流脱扣器的整定电流应与电路最大工作电流相匹配。

（3）检查剩余电流动作保护装置的极限通断能力或短路电流与工作电路的短路电流是否匹配。带短路保护装置的剩余电流动作保护装置，其极限通断能力必须大于电路短路时可能产生的最大短路电流。否则，应采用一个具有更大短路保护能力的短路保护装置作为后备保护。不带短路保护装置的剩余电流动作保护装置不具备短路分断能力，所以在电路中应装设短路保护装置（如

安装熔断器等作为过电流保护装置)。有些剩余电流动作保护装置的产品说明书中规定了配用的短路保护装置的性能、规格。对于没有规定配用短路保护装置规格的剩余电流动作保护装置,所选用的短路保护装置,应保证回路的短路电流不大于剩余电流动作保护装置的短时耐受电流。

(4)检查剩余电流动作保护装置的动作电流和动作时间,与电路中所装设备的动作电流和动作时间是否相符。

24. 安装剩余电流动作保护装置时应注意哪些事项?

剩余电流动作保护装置应严格按照产品说明书的规定安装,安装时应注意以下事项:

(1)剩余电流动作保护装置的安装位置应尽量远离电磁场。如果装在高温、湿度大、粉尘多或有腐蚀性气体的环境中,则应采取相应的辅助保护措施。例如,在靠近火源或受阳光直射的高温场所,剩余电流动作保护装置应加装隔热板;在湿度大的场所,应选用防潮的剩余电流动作保护装置或另外加装防水外壳;在粉尘多或有腐蚀性气体的场所,剩余电流动作保护装置应装在防尘或防腐蚀的保护箱内。

(2)剩余电流动作保护装置应垂直安装,倾斜度不得超过5°。家庭用剩余电流动作保护装置一般可装在电源进线处的配电板(箱)上,紧接着装设总熔断器,如图9-6所示。

(3)安装带有短路保护装置的剩余电流动作保护装置时,必须保证在电弧飞出方向有足够的飞弧距离,飞弧距离的大小以剩

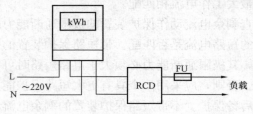

图9-6 单相电路剩余电流动作保护装置安装位置图

余电流动作保护装置生产厂家的规定为准。

（4）组合式剩余电流动作保护装置外部连接的控制回路，应使用铜导线，其截面积不得小于 1.5mm^2，连接线不宜过长。

（5）安装剩余电流动作保护装置时必须严格区分中性线和保护线，三极四线式或四极式剩余电流动作保护装置的中性线应接入剩余电流动作保护装置。经过剩余电流动作保护装置的中性线不得作为保护线，不得重复接地或接设备的外露可导电部分；保护线不得接入剩余电流动作保护装置。

（6）安装剩余电流动作保护装置后，被保护设备的金属外壳仍采用保护接地（若原先有的话），如图 9-7 所示。

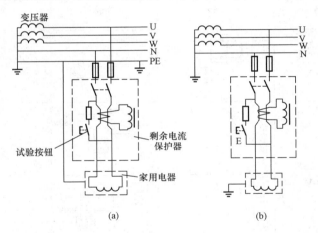

图 9-7　家用电器的双重保护

(a) 三相四线加保护接地系统中的剩余电流动作保护装置和保护接零；(b) 三相四线系统中的剩余电流动作保护装置和保护接地

（7）剩余电流动作保护装置投入运行前应进行以下检查：

1）开关机构运作是否灵活，有无卡阻或滑扣现象。

2）摇测相线端子间、相线与外壳（地）间的绝缘电阻，测得的绝缘电阻值不应低于 $2\text{M}\Omega$。但是，对电子式剩余电流动作保护装置，不得在极间进行绝缘电阻测试，以免损坏电子元件。

（8）剩余电流动作保护装置安装后应操作试验按钮，检查保护装置的工作特性是否符合要求。试验的方法是，用试验按钮试验三次，在三次试验中保护装置均应正确动作，带负载分合开关三次，保护装置均不得误动作；用试验电阻逐相做一次接地试验，保护装置应正确动作。

25. 剩余电流动作保护装置有哪些常用接线方法？

剩余电流动作保护装置的接线方法见表 9-1 和表 9-2。

表 9-1　　　　　　剩余电流动作保护装置的接线方法

接线方式 ＼ 极数		2 极	3 极	4 极
单相二线 220V		220V / 220V		
三相三线 380V	三角形接法		380V / 380V	
	星形接法		380V / 380V	
三相四线 380V/220V	接地保护			
	接零保护			

表 9-2　剩余电流动作保护装置接线方式

26. 剩余电流动作保护装置常发生哪些错误接线?

通过对使用剩余电流动作保护装置用户的调查,发现有些用户使用剩余电流动作保护装置时,接线错误,以致无法正常供电或达不到剩余电流保护的目的。错误接线分析如下:

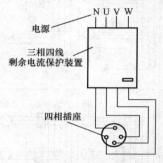

电源

三相四线
剩余电流保护装置

四相插座

图 9-8　中性线和接地线
未分清

(1) 中性线和接地线未分清,利用四芯插座供三相和单相配电用,如图 9-8 所示,错误原因如下:

1) 当用作三相配电时,若电气设备的外壳与地接触,剩余电流动作保护装置就跳闸。若电气设备的外壳与地绝缘,则相线与外壳相碰,成为单相负载,剩余电流动作保护装置不跳闸,电气设备的外壳长期带电。

2) 当用作单相配电时,因电气设备的外壳未接地,一旦剩余电流动作保护装置失效,而电气设备的外壳又漏电,就会发生人身电击事故。

改正的方法是,将三相插座和单相插座分开,三相插座的接地插头接 PE 线,单相插座的中性线插头接剩余电流动作保护装置的中性线输出端,接地插头接剩余电流动作保护装置的中性线输入端接地线(接地保护)。

(2) 缺少接地线(此种接线已不被采用)。某单位的配电箱,有 6 只 10A 单相插座,采用四芯导线,每相接两只插座,接地线与中性线在箱内并头如图 9-9 所示,错误的原因有:

1) 该配电箱若不通过剩余电流动作保护装置,直接接到三相电源上,则在保护接地系统中,该配电箱缺少一根接

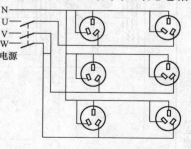

N
U
V
W
电源

图 9-9　缺少接地线

地线；在保护接零系统中，一旦配电箱的中性线断开，电气设备的外壳就会带电。

2）该配电箱若接到剩余电流动作保护装置上。由于中性线与设备外壳相连，一旦设备外壳与地接触，剩余电流动作保护装置就跳闸。

改正的方法是，插座的接地插头与中性线插头之间应断开。若接到三相电源上，应采用五根线，即三根相线、一根中性线、一根接地线。若接到单相电源上，应采用三根线，即一根相线、一根中性线、一根接地线。若接到三相四线剩余电流动作保护装置上，也要采用五根线，即三根相线、一根中性线、一根接地线。

（3）剩余电流动作保护装置输入端未接中性线。三相四线剩余电流动作保护装置用于三相配电系统，三相电源的三根相线接到剩余电流动作保护装置的上插头，中性线不经过剩余电流动作保护装置而接到零线上，随后接到三相插座的接地插头上如图9-10 所示。错误的原因有：对三相四线剩余电流动作保护装置的脱扣性能进行试验时，电阻须接于剩余电流动作保护装置的中性线与 U 相之间，由于剩余电流动作保护装置中性线的上插头未接电源中性线，因此试验按钮不起作用，剩余电流动作保护装置的脱扣性能无法用试验按钮进行检查。

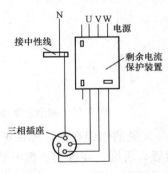

图 9-10　输入端未接中性线

改正的方法是，将剩余电流动作保护装置中性线的上插头接到电源的中性线上，剩余电流动作保护装置的中性线下插头不接线。

（4）电源线短接。接线时，应防止进入剩余电流动作保护装置电源线的输入、输出端之间短接。对单相和三相四线剩余电流动作保护装置来说，在进入剩余电流动作保护装置的中性线上最易发生短接。

错误的原因有：在接中性线保护系统中，中性线和接地线是连在一起的。剩余电流动作保护装置的电源进线如果发生短接，将造成零序电流互感器短路，此时即使有剩余电流，零序电流互感器也没有电流输出，剩余电流动作保护装置不跳闸。

改正的方法是，安装剩余电流动作保护装置后，接在剩余电流动作保护装置上的电气设备，其中性线和接地线必须隔离，中性线应接到剩余电流动作保护装置中性线的输出端上。

（5）几种典型的错误接线。图 9-11 的虚线部分是几种典型的错误接线。

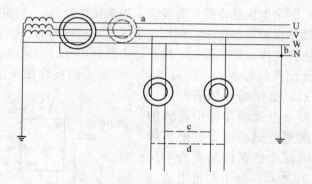

图 9-11 剩余电流动作保护装置的典型错误接线

a 处的错误在于，总保护不能采用三极式剩余电流动作保护装置，否则，在各相负载不平衡的情况下，零序电流将导致保护装置动作。b 处的错误在于，将重复接地与 N 线连接起来，虽然大部分不平衡的零序电流经保护器返回电源，但小部分零序电流经重复接地电阻和工作接地电阻构成回路，使相线和工作中性线上的电流之和不为零，可能导致保护装置动作。c、d 的连接方式，两台保护装置都可能误动作。

必须指出，剩余电流动作保护装置后方设备的保护线不得接在保护装置后方的中性线上，否则，设备漏电时的剩余电流经保护装置返回，保护装置不动作。

27. 什么是剩余电流动作保护装置的误动作？

剩余电流动作保护装置的误动作，指线路或设备并未发生预期的电击或漏电事故，保护装置也动作。

28. 什么是剩余电流动作保护装置的拒动作？

剩余电流动作保护装置的拒动作，指线路或设备已发生预期的电击或漏电事故，保护装置却不动作。

29. 剩余电流动作保护装置误动作和拒动作会有什么影响？

剩余电流动作保护装置误动作和拒动作都是影响剩余电流动作保护装置不能正常投入运行，充分发挥作用的主要原因之一。分析并消除二者发生的原因，就可保证剩余电流动作保护装置正常运行，发挥应有的保护作用。

30. 剩余电流动作保护装置误动作的原因有哪些？

剩余电流动作保护装置误动作的原因是多方面的，既有线路方面的原因，也有保护装置本身的原因，归纳如下：

（1）接线错误。本章第 26 题中列举导致剩余电流动作保护装置误动作的错误接线均属此类。

（2）冲击过电压。迅速分断低压感性负载时，可能产生 10 倍额定电压的冲击过电压，而冲击过电压会产生较大的不平衡冲击泄漏电流，导致快速型剩余电流动作保护装置误动作。对于电子式剩余电流动作保护装置，电子线路电源电压急剧升高，也可能造成其误动作。

（3）不同步合闸。线路开关电器合闸送电时，如果不能同时接通线路，首先合闸的一相可能产生足够大的泄漏电流，使保护器误动作。

（4）大型电动机启动。大型电动机堵转电流一般都很大，如果剩余电流动作保护装置内的零序电流互感器的平衡特性不良，则大型电动机启动时互感器一次线的漏磁可能造成保护装置误动作。

（5）偏离使用条件。如果使用场所的环境条件超出保护装置的设定条件，会造成保护装置的性能劣化而误动作。

（6）保护装置质量低劣。由于电子元件质量不佳、极化电磁铁极面脏污、焊点接触不良、机构滑扣等质量原因，造成保护装置误动作。

（7）电路中的高次谐波。变压器、稳压器、整流器、荧光灯和一些电子设备都产生高次谐波，其中三次谐波、九次谐波电压均可能产生零序泄漏电流，造成保护装置误动作。

（8）附加磁场。如果保护装置的磁屏蔽不良或没有磁屏蔽，或者附近有大电流导线、磁性元件、导磁体和无线电波发生源，均可能造成保护装置误动作。

31. 剩余电流动作保护装置拒动作的原因有哪些？

剩余电流动作保护装置拒动作的概率比误动作低，但拒动作造成的直接危害比误动作大。保护装置拒动作的主要原因如下：

（1）接线错误。本章第四节中"4. 常见错误接线分析"中列举导致剩余电流动作保护装置拒动作的错误接线均属此类。

（2）动作电流选择不当。保护装置的动作电流选择得过大或整定过大，保护装置均可能拒动作。

（3）产品质量不良。电子元件损坏、脱扣元件黏台、脱扣弹簧失效、互感器二次断路等，均可能造成保护装置拒动作。

（4）线路绝缘阻抗降低。线路绝缘阻抗降低也会造成保护装置拒动作，在不接地电网中，这一问题尤为明显。如图 9-12 所示，人体电击后，通过人体的电流经两组分布电容构成回路。经第一组分布电容的电流，保护装置能检测出来，而经第二组分布电容的电流，保护装置检测不出来，如果第二组的电容较大，则会造成保护装置拒动作。因此，应正确选择保护装置的安装位置。

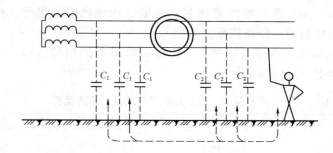

图 9-12　剩余电流动作保护装置拒动动作图

32. 剩余电流动作保护接线的作用有哪些?

NJL-1 系列鉴相鉴幅剩余电流保护继电器与交流接触器或断路器组合成剩余电流动作保护装置,主要功能是对有致命危险的人身触电提供间接接触保护。其适用于中性点直接接地(380V/220V)低压配电系统,提高电网安全运行能力。

本继电器采用鉴相鉴幅新技术,消除了电击时的不灵敏相及死区,能自动区分剩余电流与电击,并具有节能消声等多种功能。特别适合农村线况较差、三相不平衡、剩余电流大的电网使用。

33. NJL-1 系列鉴相鉴幅剩余电流保护继电器的型号及含义是怎样的?

NJL-1 系列鉴相鉴幅剩余电流保护继电器的型号及含义如图9-13 所示。

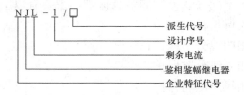

图 9-13　NJL-1 系列鉴相鉴幅剩余电流保护
继电器的型号及含义

34. NJL 系列鉴相鉴幅剩余电流保护继电器的型号、形式及配用接触器、断路器是怎样的？

NJL 系列鉴相鉴幅剩余电流保护继电器的型号、形式及配用接触器、断路器见表 9-3。

表 9-3　　　**NJL 系列型号、形式及配用接触器、断路器表**

型号	形式	配接接触的型号及额定电流范围
NJL-1	标准节能型 （小环 ϕ45mm）	CJ 型（普通型）适用 63～250A （40A 以下需加继电器）
NJL-1/A	无节能功能 （中环 ϕ60mm）	CJ 型适用 250～400A
NJL-1/B	无节能功能（大环 ϕ80mm）	630CJ 型适用 400～630A
NJL-1/D	各种环	—

35. 对 NJL 鉴相鉴幅剩余电流保护继电器的工作条件有什么要求？

(1) 环境温度：－20～60℃。

(2) 相对湿度：≤90％。

(3) 海拔高度：≤2000m。

(4) 污染等级：3 级。

(5) 安装类别：Ⅱ、Ⅲ、Ⅳ。

36. NJL 鉴相鉴幅剩余电流动作保护继电器适用于哪些范围？

它适用于不同安装类别的多级保护，主要有以下几种方案：

(1) 总体保护；

(2) 三相四线分路保护；

(3) 三相三线分路保护；

(4) 单相线路照明保护。

为了减少大面积停电，提高供电的可靠性，防止越级跳闸，同一电源下的各级或同一主线不同部位，必须用不同规格（不同电流动作值）的剩余电流动作保护装置。

37. 鉴相鉴幅剩余电流继电器有什么特点？

鉴相鉴幅剩余电流继电器的特点如下：

（1）鉴相鉴幅。在三相剩余电流不平衡的情况下，各相电击动作灵敏度一致。

（2）自动区分剩余电流与电击。能在线路绝缘水平低，剩余电流较大的状况下投运。

（3）抗干扰性强。在雷电、电网谐波、线路瞬时过电流等干扰情况下，不误动作。

（4）线路漏电突然减少时不动作，投运率较高。

（5）节能无声运行。对配接的接触器线圈工作电压 380、220V 都可以用，长期运行不烧线圈，有功节电率大于 85%（指节能型）。

（6）开机有试送电功能。跳闸后 20~30s 能自动重合闸，安全、省力。

（7）零序互感器可互换通用。

38. 鉴相鉴幅剩余电流继电器的面板功能是怎样的？

（1）继电器正面四个浅黄色按钮是模拟实验装置。U（A）、V（B）、W（C）三个按钮模拟三相触电动作值，超限按钮模拟剩余电流动作值。

（2）继电器正面上方的电流表用于指示被保护线路的三相剩余电流矢量和的近似值，也可用于显示检查每相剩余电流状况时的剩余电流值。每相剩余电流的检查方法为：将出线穿入互感器后，三根线通电，电流表显示值即为每相剩余电流值。

（3）剩余电流调节开关挡位选择。在线况较差、三相不平衡、剩余电流较大的分路保护或总体保护电网使用时，将面板上剩余电流调节开关拨到 500mA 挡位。一般情况下，将剩余电流调节开关拨到 300mA 挡位。图 9-14 所示为鉴相鉴幅保护继电器外形图。

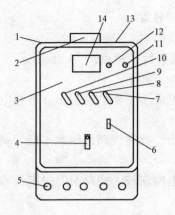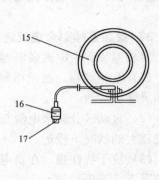

图 9-14　鉴相鉴幅保护继电器外形图

1—熔丝座（背面）；2—挂板；3—标志牌；4—电源开关；5—接线端子；6—剩余电流调节开关；7—剩余电流超限试验按钮；8—W（C）相试验按钮；9—V（B）相试验按钮；10—U（A）相试验按钮；11—红色跳闸指示灯；12—绿色电源指示灯；13—互感器插座；（背面）；14—漏电电流表；15—零序互感器；16—互感器插头；17—插头防脱扣装置

39. 鉴相鉴幅保护继电器的技术参数有哪些？

鉴相鉴幅保护继电器技术参数见表 9-4。

表 9-4　　　　　　鉴相鉴幅保护继电器技术参数

技术参数 ＼ 型号	NJL-1	NJL-1/A	NJL-1/B	NJL-1/D
额定电压（V）	380/220			
额定频率（Hz）	50			
额定电流（A）	250	400	630	630
额定剩余电流动作电流（mA）	300/500 可调			
额定剩余电流不动作电流（mA）	＜150/250			
额定突变剩余电流动作值	75			
额定突变剩余电流不动作值（mA）	38			

续表

技术参数 ＼ 型号	NJL-1	NJL-1/A	NJL-1/B	NJL-1/D
额定分断时间（s）	<0.2			
剩余电流突减不动作值（mA）	<150/250			
继电器输出触点容量	380V、2A			
延时重合闸（s）	20～30			
动作特性分类	AC 型			
额定熔丝容量（A）	5			
额定短时耐受电流（A）	3000			

40. 鉴相鉴幅保护继电器外形及安装尺寸是怎样的?

剩余电流动作保护继电器外形及安装尺寸如图 9-15 所示。

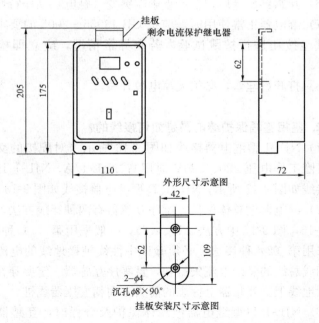

图 9-15　剩余电流动作保护继电器外形及安装尺寸图

41. 对鉴相鉴幅保护继电器有哪些安装要求?

（1）将挂板垂直固定于配电屏、配电箱或墙上,将继电器挂在挂板上。

（2）零序电流互感器安装交流接触器出线端,接触器出线整理成一束,按互感器上标志的箭头方向穿过互感器,切不可反穿。

（3）零序互感器安装应避免剧烈振动,且尽量远离接触器、电流互感器、大电流母排等强磁场干扰（要求上下、左右、前后距离至少 20cm 以上）。

（4）鉴相鉴幅保护继电器对被保护线路的相线与相线之间、相线与中性线之间的电击不能保护。

（5）穿过互感器以后的中性线不得重复接地,被保护线路的任何线不得与其他线路混用。

（6）互感器反穿后,会严重影响突变（触电）动作特性。

（7）继电器正常使用时,应按 GB 13955—2005 的要求,每月对试验按钮进行按跳试验,若有异常情况,应立即检修或更换。

（8）打开熔丝盒,必须关掉电源开关。

42. 鉴相鉴幅保护继电器是如何接线的?

（1）NJL-1 型继电器接线如图 9-16 所示（对配接的交流接触器线圈工作电压 220、380V 通用）；NJL-1/A,NJL-1/B 型继电器接线如图 9-17 所示；NJL-1/D 型继电器接线如图 9-18 所示。

（2）继电器做总体保护,零序互感器有两种穿线方法,见接线图 9-16,图 9-17 中方法（1）、（2）,一般采用第（1）种接法。如果采用第（2）种接法,必须验证中性线桩接地线的电流等于三相四线总线的剩余电流矢量和,且零序互感器一定要穿在中性线桩接地线上。互感器上标志的箭头方向朝变压器线桩。

（3）NJL-1/D 型继电器做总体保护及分保时,互感器穿线方法同图 9-16、图 9-17。剩余电流继电器接线端子左边第 1 孔接

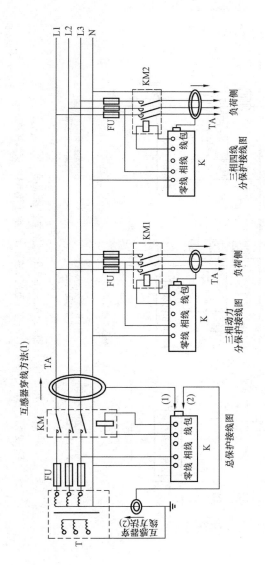

图 9-16　NJL-1(标准节能型)型继电器接线图

T—变压器；FU—熔断器；TA—零序电流互感器；
K—剩余电流继电器；KM—交流接触器

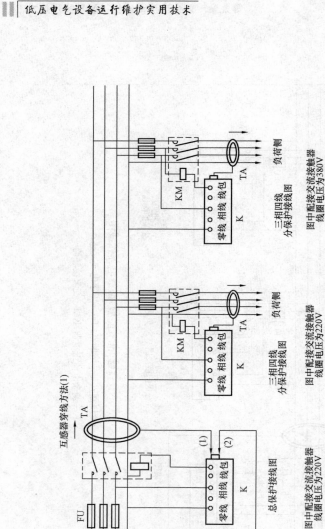

图 9-17 NJL-1/A、NJL-1/B 型继电器接线图

T—变压器；FU—熔断器；TA—零序电流互感器；K—继电器；KM—交流接触器

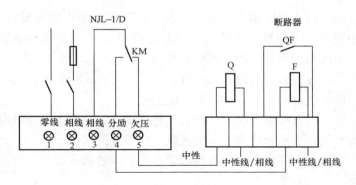

图 9-18　NJL-1/D 型继电器接线图
Q—欠压脱扣线圈；F—分励脱扣线圈；QF—断路器辅助触点

入中性线；第 2 孔接入相线，做机内电源；第 3 孔接入相线；第 4 孔接断路器分励脱扣线圈；第 5 孔接空气断路器欠压脱扣线圈。每只断路器只能选择一种脱扣方式接入继电器，如果脱扣线圈控制电压为 220V，脱扣线圈另一端子接中性线；如果脱扣线圈控制电压为 380V，脱扣线圈另一端接相线（与第 3 孔所接相线不同相）。

43. 鉴相鉴幅保护继电器有哪些调试内容？

（1）NJL-1、NJL-1/A、NJL-1/B 型。检查继电器接线无误、互感器穿线方向正确、接触器型号相符后，方可通电。合上继电器电源开关，继电器（或接触器）合闸，0.5 s 后即跳闸，绿色指示灯同时亮（试送电），20～30s 后自动重合闸，红色指示灯熄灭，正常投入运行。

（2）故障跳闸后，20～30s 后重合闸，如故障未排除，仍有超限剩余电流存在，重合闸后立即跳闸并自动闭锁。这时须把故障排除，关掉继电器电源开关，过 5s，重新按（1）操作。

（3）如果不能正常投运，则拔去互感器和继电器之间的航空插头，再按（1）操作，还不能投运，应检查接线或继电器。

（4）拔去航空插头后能正常投运，插上插头不能正常投运，则为被保护线路剩余电流超过规定动作值，或中性线有重复接地、中性线混用等问题，需检查线路。

（5）按（1）正常投运后每过 5s，按任一试验按钮，继电器应立即跳闸，20～30s 后，自动重合闸。

（6）检查接线无误后，插上互感器插头，使剩余电流继电器电源开关处于断开状态，不带负载，合刀开关送电。

（7）合上剩余电流继电器电源开关，绿色指示灯亮，合上断路器。

（8）合上剩余电流继电器上四颗淡黄色试验按钮的任意一颗，断路器应跳闸，红色指示灯亮，过 20～30s 后，红色指示灯灭，才能手动合上断路器。

（9）如果过 30s 后，红色指示灯不灭，则剩余电流继电器已自锁，这时需关闭剩余电流继电器电源开关，过 5s 后，再合上电源开关，重新送电。

（10）上述试验符合要求后，拉下刀开关，接上主电路负载，投入正常运行。

（11）在被保护线路上进行模拟实地实验，用试跳笔或用 1 只 60W 灯泡，一端接地（水管、钢架或湿地），另一端碰下任意一根相线，剩余电流继电器应跳闸。

（12）漏电所产生的剩余电流动作电流调节方法。根据所需调节的值（漏电 300mA 或 500mA），把面板上漏电调节开关拨到相应挡位。

44. 鉴相鉴幅保护继电器有哪些常见故障？

（1）如为新装，不能正常投运，应检查线路接线是否正确，被保护线路是否与其他线路混用，变压器中性接地线是否接好，剩余电流是否超过额定值。

（2）如运行一段时间后，投运不正常，则应先分析是线路原因，还是继电器本身故障。可先拔下零序互感器插头或切除输出线路，再重新开机送电，如开机试送电跳闸，20～30s 能自动合闸送电，则继电器本身正常；如在继电器输入电压正常情况下，开机无反应或试送电跳闸，20～30s 不能自动重合闸，则为继电器本身故障。

45. 剩余电流动作保护装置有哪些日常运行维护内容？

为了使剩余电流动作保护装置保持良好工作状态，起到可靠的保护作用，必须做好以下几项运行维护工作。

（1）剩余电流动作保护装置投入运行后，使用单位应建立运行记录和相应的管理制度并由专人负责管理。

（2）剩余电流动作保护装置投入运行后，每月应在通电状态下按动试验按钮一次，检验保护器动作是否可靠。雷雨季节应适当增加试验次数。

（3）雷击或其他不明原因造成剩余电流动作保护装置动作后，应进行仔细检查，鉴定保护器是否可以继续使用。

（4）为了检验剩余电流动作保护装置运行中的动作特性及其变化，应定期进行动作特性试验。动作特性试验的测试项目包括剩余电流动作值、剩余电流不动作值和分断时间。

（5）退出运行的剩余电流动作保护装置再次使用前，也应进行动作特性试验。

（6）对剩余电流动作保护装置进行动作特性试验时，应使用经国家有关部门检测合格的专用测试仪器，严禁使用相线直接触碰接地装置的试验方法。

（7）剩余电流动作保护装置动作后，经检查未发现事故原因，允许试送电一次。如果试送电后保护器再次动作，则应查明原因，找出故障，必要时应对其进行动作特性试验，不得连续强行送电。除经检查确属保护装置本身发生故障而与外电路无关外，严禁私自撤除剩余电流动作保护装置强行送电。

（8）定期检查、分析剩余电流动作保护装置的运行情况，及时更换有故障的剩余电流动作保护装置。

（9）剩余电流动作保护装置的动作特性由制造厂整定，按产品说明书的规定使用，不得随意改变剩余电流动作保护装置的动作特性。

（10）剩余电流动作保护装置运行一段时间后，应对其动作特性进行简单的测试，测试时可按图 9-19 接线。

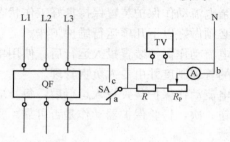

图 9-19　剩余电流动作保护装置简易测试接线图

QF 为剩余电流动作保护装置，PT 为时间记录仪器。测试不动作电流值时，先将控制开关 SA 接通 c 端，调至额定不动作电流，再将该控制开关接通 a 端，剩余电流动作保护装置应不动作。测试动作电流值时，将控制开关 SA 接通 a 端，调节电位器 RP 测量最小动作电流，然后将控制开关接通 c 端，分别调至 1 倍额定动作电流、2 倍额定动作电流和 5 倍额定动作电流，再将控制开关接通 a 端，逐次测量动作时间。

（11）运行中若出现异常现象，应找专业维修电工处理，以免扩大事故范围。

（12）在剩余电流动作保护装置的保护范围内发生触电伤亡事故时，应检查剩余电流动作保护装置的动作情况，分析未能起到保护作用的原因。在未调查前应保护好现场，不得拆动剩余电流动作保护装置。

（13）剩余电流动作保护装置的断路器部分，应按低压电器有关要求定期检查维护。

46. 如何排除鉴相鉴幅保护继电器的常见故障?

（1）不能正常投运情况见表 9-5。

表 9-5　　　　　　　不能正常投运情况

故障现象	故障原因	排除方法
合上电源开关后，红、绿指示灯都不亮，接触器无反应	开关坏	更换开关
	熔丝熔断	更换熔丝
	继电器中性线、相线接线端子所接的电源线接触不良	拧紧接线端子
	接线错误	按正确方法接线
合上电源开关后，绿指示灯亮，接触器无反应	接触器线圈断线	更换接触线圈
	继电器线包接线端子引出线接触不良	拧紧接线端子
	接线错误	按正确方法接线
合上电源开关后，熔丝熔断，甚至有烟冒出	继电器中性线孔接入相线	把中性线孔接入中性线
	继电器线包接线孔接有其他电源	撤除线包接线孔的电源线
	继电器线包接线端接入接触器辅助触点	把继电器线包接线端子引出线接在接触器线圈上
开机试送电后，红色指示灯一直亮，电送不上	某一相剩余电流太大，致使三相剩余电流矢量和超过额定动作值	排除线路故障
	继电器电源线中的中性线接在保护地线上	按正确方法接线
	中性线重复接地	拆除重复接地线
	互感器中性线方向穿反	按正确方法接线
	线路混用	排除混用线路

（2）拒动（新安装、接线后）的故障见表 9-6。

表9-6   柜动（新安装、接线后）的故障

故障现象	故障原因	排除方法
按动试验按钮时，电流表有电流指示，红、绿灯都亮，但不跳闸或过一会儿跳闸	接触器铁芯剩磁太大	更换接触器
	新接触器铁芯表面有一层防锈漆	把防锈漆擦干净
	接触器型号不正确	根据产品型号接入相对应的接触器型号
	接触器安装角度不对	按接触器正确安装方法安装
按住试验按钮时，电流表有电流指示，红色灯不亮，不跳闸，放掉试验按钮，接触器跳闸，红灯亮	互感器电源线的中性线与相线接反	更换零序互感器
	继电器电源线的中性线与相线接反	按正确方法接线
按动每颗试验按钮，继电器均能动作，但用电阻、灯泡、漏电测试仪等实地试验不动作	接地电流太小，没有达到额定动作值	增大接地电流，达到额定动作值
	变压器中性点没接地或接地电阻太大	变压器中性点接地，或减小接地电阻
	穿过互感器的中性线方向不正确	按正确方法接线

（3）正常投运一段时间后出现的故障见表9-7。

表9-7   正常投运一段时间后出现的故障

故障现象	故障原因	排除方法
常易跳闸（大电机启动或保护范围外的线路投运）	大电机启动时，剩余电流矢量和已接近额定动作值	排除线路故障
	大电机及其启动设备的剩余电流值超过额定动作值	排除大电机及其启动设备故障

续表

故障现象	故障原因	排除方法
常易跳闸（大电机启动或保护范围外的线路投运）	线路混用	拆除混用线路理清各自电路
	保护范围以外线路的出线太靠近互感器，属强电磁干扰	让互感器尽可能远离强磁场干扰，具体要求见本章第四节
无法正常投运（接触器不动作）	潮湿环境下接线部位接触不好（有氧化层）	电器的连线选用 $1.5mm^2$ 的绝缘铜芯线

参 考 文 献

[1] 武继茂，张明荣．农电工操作技能 160 例．2 版．北京：中国电力出版社，2013.

[2] 劳动和社会保障部教材办公室．电力拖动控制线路与技能训练．3 版．北京：中国劳动社会保障出版社，2001.

[3] 华东六省一市电机工程(电力)学会联合编委会，等．电工进网作业考核培训教材　农村低压电工部分．2 版．北京：中国电力出版社，2012.